NANFANG DIQU

SHANYAO PINZHONG JI ZAIPEI JISHU

南方地区 山药品种及栽培技术

陈润兴　余文慧　雷　俊　主编

中国农业出版社
北　京

图书在版编目（CIP）数据

南方地区山药品种及栽培技术 / 陈润兴，余文慧，雷俊主编 . —北京：中国农业出版社，2021.12
ISBN 978-7-109-28935-2

Ⅰ. ①南… Ⅱ. ①陈…②余…③雷… Ⅲ. ①山药－品种－南方地区②山药－栽培技术－南方地区 Ⅳ. ①S632.1

中国版本图书馆CIP数据核字（2021）第274225号

中国农业出版社出版

地址：北京市朝阳区麦子店街18号楼
邮编：100125
责任编辑：李昕昱　文字编辑：黄璟冰
版式设计：王　怡　责任校对：吴丽婷　责任印制：王　宏
印刷：北京通州皇家印刷厂
版次：2021年12月第1版
印次：2021年12月北京第1次印刷
发行：新华书店北京发行所
开本：700mm×1000mm　1/16
印张：9
字数：200千字
定价：39.80元

编　委　会

　　山药（Yam）为薯蓣科薯蓣属（*Dioscorea*）一类重要的经济作物类群，包括薯蓣属多种植物，在我国具有两千多年的栽培应用历史。山药有很高的营养价值，富含各种营养物质，其性味甘平，归脾、肺、肾经，具有补脾养胃、生津益肺、补肾涩精功效。山药既是滋补食品，又是补气中药，在卫生和计划生育委员会公布的药食两用的品种名单中榜上有名。近年来，随着我国经济高质量的发展，居民收入不断增加，人们对满足美好生活需要的商品需求也在不断增加，山药作为药食两用的佳品，需求量不断增长。山药作为浙江省重要旱粮作物，随着优良品种的引进选育与推广，种植技术与管理水平的提高，种植面积逐年增多，已成为山区农民主要经济来源之一。特别是随着浙产山药价值提升及山药无硫加工产业发展迅猛，山药产业已成为浙江省乡村振兴的新型产业。为更好地服务山药产业，提高山药种植水平，编著《南方地区山药品种及栽培技术》，供种植户及科研院所参考。

　　南方各省山药资源丰富，薯蓣、山薯、参薯、褐苞薯蓣均有分布。《南方地区山药品种及栽培技术》由衢州市农业林业科学研究院所主持汇编，并得到江苏省农业科学院经济作物研究所、江西省农业科学院作物研究所、云南省农业科学院经济作物研究所等单位的大力支持，在此一并向协作单位的同仁和作者致谢。由于编者水平有限，错误和疏漏之处在所难免，恳请批评指正。

编　者
2021年11月

前言

第一章　江西山药品种介绍及栽培方法 ·············· 1

　一、赣农紫药 1 号 ·············· 2

　二、赣农紫药 2 号 ·············· 3

　三、赣农紫药 3 号 ·············· 5

　四、井冈山秤砣山药 ·············· 7

　五、瑞昌山药 ·············· 8

　六、红藤 ·············· 10

　七、南城药薯 ·············· 11

　八、南城白皮精薯 ·············· 13

　九、永丰淮山药 ·············· 14

　十、泰和竹篙薯 ·············· 15

　十一、桂淮 6 号 ·············· 17

　十二、江西山药主要栽培技术 ·············· 18

第二章　江苏山药品种介绍及栽培方法 ·············· 33

　一、苏蓣 1 号 ·············· 34

　二、苏蓣 5 号 ·············· 35

　三、苏蓣 6 号 ·············· 37

　四、苏蓣 7 号 ·············· 38

　五、苏蓣 8 号 ·············· 40

　六、品系 21-1 ·············· 41

　七、品系 21-2 ·············· 43

　八、双胞山药 ·············· 45

九、日本白山药 ……………………………………………… 46

十、丰县铁棍山药 …………………………………………… 48

十一、水山药 ………………………………………………… 49

十二、梅岱山药 ……………………………………………… 51

十三、苏北淮山药 …………………………………………… 52

十四、黄独 …………………………………………………… 54

第三章　广西山药品种介绍及栽培方法 ………………………… 57

一、那淮 1 号 ………………………………………………… 58

二、桂淮 2 号 ………………………………………………… 59

三、桂淮 5 号 ………………………………………………… 61

四、桂淮 6 号 ………………………………………………… 62

五、桂淮 7 号 ………………………………………………… 64

六、淮山药主要栽培技术 …………………………………… 65

第四章　云南山药品种介绍及栽培方法 ………………………… 75

一、罗茨白山药 ……………………………………………… 76

二、富民白山药 ……………………………………………… 77

三、建水山药 ………………………………………………… 79

四、通海高大山药 …………………………………………… 81

五、元谋脚板山药 …………………………………………… 82

第五章　四川山药品种介绍及栽培方法 ………………………… 85

雅山药 1 号优质高产栽培技术 ……………………………… 86

第六章　浙江山药品种介绍及栽培方法 ………………………… 93

一、文糯 1 号 ………………………………………………… 94

二、温山药 1 号 ……………………………………………… 95

三、紫蓣药 9 号 ……………………………………………… 96

四、白蓣药 16 ………………………………………………… 97

五、温州山药主要栽培品种及栽培技术 …………………… 98

第七章　福建山药品种介绍及栽培方法（地标品种）………………… 101

　　一、麻沙山药1号 ………………………………………………… 102

　　二、闽选山药1号 ………………………………………………… 103

　　三、芹峰淮山药 …………………………………………………… 106

　　四、山格淮山药 …………………………………………………… 107

　　五、清流雪薯 ……………………………………………………… 107

　　六、宣和雪薯 ……………………………………………………… 109

第八章　湖北山药品种介绍及栽培技术（地标品种）………………… 111

　　一、武穴佛手山药 ………………………………………………… 112

　　二、利川山药 ……………………………………………………… 113

　　三、襄阳山药 ……………………………………………………… 114

第九章　南方山药种薯快繁技术………………………………………… 117

　　一、山药苗床集中快繁技术 ……………………………………… 118

　　二、山药茎段组织培养快繁技术 ………………………………… 118

　　三、山药茎枝水培快繁技术 ……………………………………… 120

　　四、山药实生苗培育技术 ………………………………………… 122

第十章　南方地区山药主要病虫害及防治技术………………………… 123

　　一、山药炭疽病 …………………………………………………… 124

　　二、山药黑斑病 …………………………………………………… 125

　　三、山药斑枯病 …………………………………………………… 125

　　四、山药斑纹病 …………………………………………………… 126

　　五、山药疫病 ……………………………………………………… 127

　　六、山药枯萎病 …………………………………………………… 128

　　七、山药软腐病 …………………………………………………… 129

　　八、山药褐腐病 …………………………………………………… 130

　　九、山药根结线虫病 ……………………………………………… 130

　　十、山药根腐线虫病 ……………………………………………… 132

　　十一、山药病毒病 ………………………………………………… 132

第一章
江西山药品种介绍及栽培方法

一、赣农紫药1号

1. 品种来源

江西省农业科学院作物研究所从地方品种资源^{60}Co辐射诱变及系统选育而成。

2. 特征特性

赣农紫药1号为晚熟品种，蔓生长势较强，四棱形有棱翼；叶三角卵形，单生，叶色青绿。种皮紫红色，根毛少，块茎薯断面深紫色。块茎短纺锤形，平均长31.5cm，直径6.4cm，单株重0.9kg。营养丰富、全面，价值高。经检测，鲜样淀粉含量24.1%，蛋白质含量2.33%。微量元素铁含量3.68mg/kg，锌含量5.79mg/kg，硒含量0.006mg/kg。功能物质含量：每100g含皂苷110.4mg，原花青素37.8mg。高抗炭疽病、褐斑病、枯萎病、茎腐病、褐腐病。抗旱性强，易种植（图1-1）。

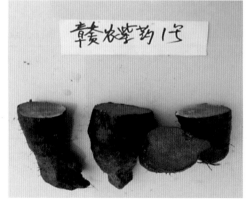

图1-1　赣农紫药1号

3.产量表现

产量较高，平均亩*产2 300kg。

4.栽培要点

（1）**种薯选择及处理**　种薯播前晾晒种1～2d后，用多菌灵浸种5～10min，捞出晾干，用钙、镁、磷肥拌种或用代森锰锌粉剂直接拌种。

（2）**选地、整地**　以沙质壤土为好，选择土层深厚、土质疏松、排水良好的红色或棕红色壤土，入冬前深翻冻垡。

（3）**起垄盖膜**　采取单垄单行种植。用起垄和覆膜一体机械，机起40cm高垄，垄距60～80cm，并盖黑膜。

（4）**播种**　直播或育苗移栽。株距30cm，密度3 000株/亩左右。

（5）**田间管理**　苗高15cm左右时，及时用小竹竿按行搭人字形支架，支架高度2m左右。留1根主蔓，抹除侧蔓。江西6—7月为梅雨季节，应及时开沟排水。7月以后天气干旱，应浇水或灌溉。

施足基肥和种肥。视土壤肥力水平，一般亩施农家肥1 500kg或商用有机肥500kg作基肥。亩施45%或51%硫酸钾复合肥50kg，肥力低的土壤可以适量增施有机肥和复合肥。适时早施齐苗肥一次，每亩施复合肥15～20kg、尿素10～15kg，并结合病害防治药剂喷洒加施叶面肥，以培育壮苗。块茎形成膨大期，选择雨天追施复合肥10～15kg/亩。

（6）**病虫害防治**　主要病虫害有炭疽病、褐斑病、枯萎病、茎腐病、褐腐病、根结线虫病等，结合田间管理，及时防治。

（7）**采收和留种**　于10月下旬陆续采收上市，下霜前必须全部收获完毕。未及时销售的商品山药和种薯需放入地窖保存。

二、赣农紫药2号

1.品种来源

江西省农业科学院作物研究所从地方品种资源自然变异株系统选育而成。

2.特征特性

赣农紫药2号为早熟品种，蔓生长势较强，四棱形有棱翼；叶三角卵形，单生，叶色青绿。种皮紫红色，根毛少，块茎断面深紫色。块茎短纺锤形，平均长25.5cm，直径7.3cm，单株重0.74kg。营养丰富、全面，价值高。经检测，鲜样淀粉含量26.3%，蛋白质含量2.48%。微量元素铁含量4.81mg/kg，锌含量6.93mg/kg。功

＊　亩为非法定计量单位，1亩≈667m²。——编者注

能物质含量：每100g含皂苷200.2mg、原花青素74.9mg。高抗炭疽病、褐斑病、枯萎病、茎腐病、褐腐病。抗旱性强，易种植（图1-2）。

图1-2　赣农紫药2号

3. 产量表现

产量较高，平均亩产2 200kg。

4. 栽培要点

（1）**种薯选择及处理**　种薯播前晾晒种1～2d后，用多菌灵浸种5～10min，捞出晾干，用钙、镁、磷肥拌种或用代森锰锌粉剂直接拌种。

（2）**选地、整地**　以沙质壤土为好，选择土层深厚、土质疏松、排水良好的红色或棕红色壤土，入冬前深翻冻垡。

（3）**起垄盖膜**　采取单垄单行种植，用起垄和覆膜一体机械，机起30cm高垄，垄距60～80cm，并盖黑膜。

（4）**播种**　直播或育苗移栽。直播4月上中旬播种。小拱棚育苗播种期间3月中下旬播种。直播株距30cm，密度3 000株/亩左右。

（5）**田间管理**　苗高 15cm 左右时，及时用小竹竿按行搭人字形支架，支架高 2m 左右。留 1 根主蔓，抹除侧蔓。江西 6—7 月为梅雨季节，应及时开沟排水。7 月以后天气干旱，应浇水或灌溉。

施足基肥和种肥。视土壤肥力水平，一般亩施农家肥 1 500kg 或商用有机肥 500kg 作基肥。亩施 45% 或 51% 硫酸钾复合肥 50kg，肥力低的土壤可以适量增施有机肥和复合肥。适时早施齐苗肥一次，每亩施复合肥 15 ~ 20kg、尿素 10 ~ 15kg，并结合病害防治药剂喷洒加施叶面肥，以培育壮苗。块茎形成膨大期，选择雨天追施复合肥 10 ~ 15kg/ 亩。

（6）**病虫害防治**　山药病害有炭疽病、褐斑病、枯萎病、茎腐病、褐腐病、根结线虫病等，结合田间管理，及时防治山药病虫害。

（7）**采收和留种**　于 10 月上中旬可陆续采收上市，下霜前必须全部收获完毕。未及时销售的商品山药和种薯需放入地窖保存。

三、赣农紫药 3 号

1.品种来源

江西省农业科学院作物研究所从台紫 1 号芽尖组织培养及 EMS 化学诱变后代系统选育而成。

2.特征特性

赣农紫药 3 号为晚熟品种，蔓生长势较强，四棱形有棱翼；叶三角卵形，单生，叶色青绿。种皮紫红色，根毛少，块茎断面深紫色。块茎长纺锤形，平均长 42.3cm，直径 7.0cm，单株重 1.04kg。营养丰富、全面，价值高。经检测，鲜样淀粉含量 24.6%，蛋白质含量 2.57%。微量元素铁含量 4.46mg/kg，锌含量 6.26mg/kg。功能物质含量：每 100g 含皂苷 97.2mg、原花青素 30.0mg。高抗炭疽病、褐斑病、枯萎病、茎腐病、褐腐病，抗旱性强（图 1-3）。

3.产量表现

产量较高，平均亩产 2 200kg。

4.栽培要点

（1）**种薯选择及处理**　种薯播前晾晒种 1 ~ 2d 后，用多菌灵浸种 5 ~ 10min，捞出晾干，用钙、镁、磷肥拌种或用代森锰锌粉剂直接拌种。

（2）**选地、整地**　以沙质壤土为好，选择土层深厚、土质疏松、排水良好的红色或棕红色壤土，入冬前深翻冻垡。

（3）**起垄埋槽盖膜**　采取定向栽培方法，用起垄机起 100cm 宽垄，30cm

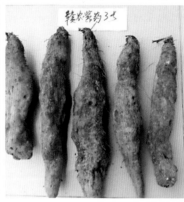

图1-3 赣农紫药3号

高垄，垄沟30cm，并将垄一高一低与垄平面成倾角为15°～30°的斜坡。顺斜坡埋设定向槽，槽长60～80cm，槽内填充谷壳或有机质后盖土10cm，槽距30cm，然后铺绒毡布或黑膜预防草害。

（4）播种　直播或育苗移栽。直播4月上中旬播种。小拱棚育苗播种期间3月中下旬播种。直播株距30cm，密度2 200株/亩左右。种薯块播于槽顶，并在种薯块周围撒施种肥。

（5）田间管理　山药苗高15cm左右时，及时用小竹竿按行搭人字形支架，支架高度2m左右。留1根主蔓，抹除侧蔓。江西6—7月为梅雨季节，应及时开沟排水。7月以后天气干旱，应浇水或灌溉。

施足基肥和种肥。视土壤肥力水平，一般亩施农家肥2 000kg或商用有机肥1 000kg作基肥。亩施45％或51％硫酸钾复合肥50kg，肥力低的土壤可以适量增施有机肥和复合肥。适时早施齐苗肥，每亩施尿素10～15kg、复合肥15～20kg一次，并结合病害防治药剂喷洒加施叶面肥，以培育壮苗。块茎形成膨大期，选择雨天追施复合肥10～15kg/亩。

（6）**病虫害防治** 山药病害有炭疽病、褐斑病、枯萎病、茎腐病、褐腐病、根结线虫病等，结合田间管理，及时防治山药病虫害。

（7）**采收和留种** 于10月下旬可陆续采收上市，下霜前必须全部收获完毕。未及时销售的商品薯和种薯需放入地窖保存。

四、井冈山秤砣山药

1.品种来源

江西省农业科学院作物研究所收集的江西省井冈山市地方品种资源，于2019年被评为"全国十大优异种质资源"。

2.特征特性

井冈山秤砣山药为晚熟品种，蔓生长势较强，四棱形有棱翼；叶三角卵形，单生，叶色黄绿色。种皮紫红色，根毛少，薯肉乳白色。薯块扁圆形，薯块平均高9.2cm，薯块直径12.1cm，单株重0.77kg。营养丰富全面，价值高。经检测，鲜样淀粉含量20.8%，蛋白质含量2.88%。微量元素铁含量4.14mg/kg，锌含量4.86mg/kg，硒含量0.003mg/kg。功能物质含量：每100g含皂苷143.9mg。高抗炭疽病、褐斑病、枯萎病、茎腐病、褐腐病等病害（图1-4）。

3.产量表现

产量较高，平均亩产2 000kg。

4.栽培要点

（1）**种薯选择及处理** 种薯播前晾晒种1～2d后，用多菌灵浸种5～10min，捞出晾干，用钙、镁、磷肥拌种或用代森锰锌粉剂直接拌种。

（2）**选地、整地** 以沙质壤土为好，选择土层深厚、土质疏松、排水良好的红色或棕红色壤土，入冬前深翻冻垡。

（3）**起垄盖膜** 采取单垄单行种植，用起垄和覆膜一体机械，机起30cm高垄，垄距60～80cm，并盖黑膜。

（4）**播种** 直播或育苗移栽，株距30cm，密度3 000株/亩左右。

（5）**田间管理** 山药苗高15cm左右时，及时用小竹竿按行搭人字形支架，支架高度2m左右。留1根主蔓，抹除侧蔓。江西6—7月为梅雨季节，应及时开沟排水。7月以后天气干旱，应浇水或灌溉。

施足基肥和种肥。视土壤肥力水平，一般亩施农家肥1 500kg或商用有机肥500kg作基肥。亩施45%或51%硫酸钾复合肥50kg，肥力低的土壤可以适量增施有机肥和复合肥。适时早施齐苗肥一次，每亩施尿素10～15kg、复合肥

图 1-4　井冈山秤砣山药

15 ～ 20kg，并结合病害防治药剂喷洒加施叶面肥，以培育壮苗。块茎形成膨大期，选择雨天追施复合肥 10 ～ 15kg/亩。

（6）**病虫害防治**　山药病害有炭疽病、褐斑病、枯萎病、茎腐病、褐腐病、根结线虫病等。结合田间管理，及时防治山药病虫害。

（7）**采收和留种**　于 10 月下旬陆续采收上市，下霜前必须全部收获完毕。未及时销售的商品山药和种薯需放入地窖保存。

五、瑞昌山药

1. 品种来源

江西省瑞昌市地方品种，品质优良，被评为江西省优质农产品，国家 A 级绿色食品。

2. 特征特性

瑞昌山药是一种多年生草本藤蔓作物，但生产上习惯一年栽培。食用部分为膨大的地下块茎，块茎属长棒形，表皮淡黄或棕黄色，长25～60cm，粗3～7cm；也有的成棍棒状、掌状和团块状等。上部须根较密、色泽较深，下部皮色淡，肉质白色。颈部须根较多较长，呈水平方向发展，中、下部须根短。

地上茎蔓圆形或棱形，细长，3～4m，有1～2侧蔓，光滑、韧性强。叶片为卵状三角形，单叶互生，少数叶腋间着生1～3个零余子，呈偏圆形或近圆形，可用作繁殖，也可食用。雌雄同株或异株，7月现蕾开花。花期长，单性花，淡黄色，花序穗状，雄花序下垂，雌花序不下垂。子房柱头二裂，果为蒴果具翅。其块茎干物质含淀粉24.34%、蛋白质13.38%、脂肪0.38%、多糖1.15%、维生素C 0.05mg/g、皂苷0.5mg/g、铁25.18μg/g、锌85.79μg/g、铜8.26μg/g（图1-5）。

图1-5　瑞昌山药

3. 产量表现

瑞昌山药产量为1 000～15 00kg/亩。

4. 栽培要点

（1）**种薯选择及处理**　选择个大、上下粗度均匀，无损伤、无病害块茎或零余子作种，播种前晒种1～2d后，50～55℃温水浸种10min。块茎再用70%超微代森锰锌或多菌浸种5～10min，捞出晾干，用钙、镁、磷肥拌种。

（2）**选地、整地**　以沙质壤土为好，选择土层深厚、土质疏松、排水良好的红色或棕红色壤土，入冬前深翻冻垡。

（3）**播种**　零余子育苗：3月用70%甲基托布津1 000倍液或5%多菌灵500倍液浸种15～20min进行种子消毒，然后播入1.0～1.5m宽的苗床，苗床盖细土，再覆谷壳灰，最后搭拱棚薄膜，经15d左右、茎蔓长6～10cm时移栽大田。或于4月上中旬直接播种大田。

瑞昌山药一般采用块茎切块苗床集中闷种、出苗即栽的方法，将山药块茎切成25～30g小块，切口涂草木灰，切块沾涂草木灰之后插入苗床，用细土覆盖。后出后栽、苗出即栽。也可在1—2月直接播种大田。

早春整平整细作畦，畦宽2m，沟宽50～60cm，深20～30cm，每畦种4行。

（4）田间管理 山药苗高15cm左右时，及时用小竹竿按行搭人字形支架，支架高度2m左右。出苗前可用化学除草，出苗后结合中耕人工除草3～4次。留主蔓和1～2根较为粗壮侧蔓，其余的要抹除。

施足基肥和种肥，亩施干粪、草木灰或土杂肥2 500～3 000kg和复合肥25～30kg，亩用45%硫酸钾复合肥15～25kg。山药施肥除施足基肥外，还要施好4次追肥：早施提苗肥两次，齐苗肥一次，块茎形成膨大肥一次。

江西6—7月为梅雨季节，应及时开沟排水。7月以后天气干旱，应浇水或灌溉。

（5）病虫害防治 山药病害有炭疽病、褐斑病、枯萎病、茎腐病、褐腐病、根结线虫病等。结合田间管理，及时防治山药病虫害。

（6）采收和留种 瑞昌山药为地方品种，一般在8月中旬开始采收并上市。零余子在10月初霜期采收，采收后晾晒1～2d，然后沙藏过冬，翌年作种用。种薯在霜降前采收入地窖中，沙藏。

六、红藤

1.品种来源
江西省瑞昌市地方品种。

2.特征特性
红藤是一种多年生草本藤蔓作物，习惯作一年栽培，食用部分为膨大的地下块茎。块茎属长棒形，表皮淡黄或棕黄色，长25～60cm，粗3～7cm；上部须根较密，色泽较深，下部皮色淡，肉质白色。成熟相对较早，一般在10月初可收获，且外观披毛相对较少，外表较为光滑。抗旱、抗病性较差，不耐重茬。

3.产量表现
红藤产量较低，一般为500～1 000kg/亩。

4.栽培要点
（1）种薯选择及处理 零余子育苗：3月初用甲基托布津或多菌灵浸种15～20min进行种子消毒，然后播入1.0～1.5m宽的苗床。苗床盖细土，再覆谷壳灰，最后搭拱棚薄膜，经15d左右、茎蔓长6～10cm时移栽大田，或于4

月上中旬直接播种大田。

（2）**选地、整地**　以沙质壤土为好，选择土层深厚、土质疏松、排水良好的红色或棕红色壤土，入冬前深翻冻垡。

（3）**播种**　采用块茎切块苗床集中闷种、出苗即栽的方法：山药块茎切成25～30g小块，切口涂草木灰，切块沾涂草木灰之后插入苗床，用细土覆盖。后出后栽、苗出即栽。也可1—2月直接播种大田。地块整平整细作畦，畦宽2m，沟宽50～60cm，深20～30cm，每畦种4行。

（4）**田间管理**　山药苗高15cm左右时，及时用小竹竿按行搭人字形支架，支架高度2m左右。出苗前可用化学除草，出苗后结合中耕人工除草3～4次。留主蔓和1～2根较为粗壮侧蔓，其余的要抹除。

施足基肥和种肥，亩施干粪、草木灰或土杂肥2 500～3 000kg和复合肥25～30kg，亩用45%硫酸钾复合肥15～25kg。山药施肥除施足基肥外，还要施好4次追肥：早施提苗肥两次，齐苗肥一次，块茎形成膨大肥一次。

江西6—7月为梅雨季节，应及时开沟排水。7月以后天气干旱，应浇水或灌溉。

（5）**病虫害防治**　山药病害有炭疽病、褐斑病、枯萎病、茎腐病、褐腐病、根结线虫病等。结合田间管理，及时防治山药病虫害。

（6）**采收和留种**　红藤为江西山药地方品种，一般在8月中旬开始采收并上市。零余子在10月初霜期采收，采收后晾晒1～2d，然后沙藏过冬，翌年作种用。种薯在霜降前采收入地窖中，沙藏。

七、南城药薯

1．品种来源
江西省抚州市南城县山药主产区地方品种。

2．特征特性
南城药薯块根棒形，长30～60cm，粗3～5cm，细根多，皮色较深，肉质较密，闻之药味浓，食之口感细腻、紧实。蔓生长势较弱，多棱近圆形，无棱翼。叶缺心形，较小。零余子多呈珠状。早熟，6月初开花，8—10月上旬采收，抗旱、抗病性差（图1-6）。

3．产量表现
单产500～1 500kg/亩。

图1-6 南城药薯

4.栽培要点

（1）**种薯选择及处理** 选择个大、上下粗度均匀，无损伤、无病害块茎或零余子作种，播种前晒种1～2d后，50～55℃温水浸种或多菌浸种5～10min，捞出晾干，用钙、镁、磷肥拌种。

（2）**选地、整地** 以沙质壤土为好，选择土层深厚、土质疏松、排水良好的红色或棕红色壤土，入冬前深翻冻垡。

（3）**播种** 零余子育苗：3月用70%甲基托布津1 000倍液或5%多菌灵500倍液浸种15～20min进行种子消毒，然后播入1.0～1.5m宽的苗床，苗床盖细土，再覆谷壳灰，最后搭拱棚薄膜，经15d左右、茎蔓长6～10cm时移栽大田，或4月上中旬直接播种大田。

采取双行种植（南城产区）：畦宽1m，沟宽30cm左右，行株距为60cm×（30～35）cm，亩栽3 000～3 500株，挖或打70cm左右深沟。

（4）**田间管理** 山药苗高15cm左右时，及时用小竹竿按行搭人字形支架，支架高度2m左右。出苗前可用化学除草，出苗后结合中耕人工除草3～4次。留1根主蔓和1～2根较为粗壮侧蔓，其余的要抹除。

施足基肥和种肥，亩施干粪、草木灰或土杂肥2 500～3 000kg和复合肥25～30kg，亩用45%硫酸钾复合肥15～25kg。山药施肥除施足基肥外，还要施好4次追肥：早施提苗肥两次，齐苗肥一次，块茎形成膨大肥一次。

江西6—7月为梅雨季节，应及时开沟排水。7月以后天气干旱，应浇水或灌溉。

（5）**病虫害防治** 山药病害有炭疽病、褐斑病、枯萎病、茎腐病、褐腐病、根结线虫病等。结合田间管理，及时防治山药病虫害。

（6）**采收和留种** 南城药薯为江西山药地方品种，一般在8月中旬开始采收并上市。零余子在10月初霜期采收，采收后晾晒1～2d，然后沙藏过冬，翌年作种用。种薯在霜降前采收入地窖中，沙藏。

八、南城白皮梋薯

1. 品种来源
江西省抚州市南城县地方品种。

2. 特征特性
南城白皮梋薯块根上下均匀，形如木桩。梋在当地是木桩的意思，所以取名梋薯。该品种皮色较南城药薯淡，细根较少，较短且粗，长30～60cm，粗5～8cm。蔓生长势较强，四棱形有棱翼。叶三角卵形，单生，叶色青绿，很少开花。南城县在8月底开始采收（图1-7、图1-8）。

图1-7　南城白皮梋薯

图1-8　南城白皮梋薯块茎

3. 产量表现
产量较高，一般1 500～2 000kg/亩。

4. 栽培要点
（1）种薯选择及处理　种薯播前晾晒种1～2d后，用50～55℃温水浸种或多菌浸种5～10min，捞出晾干，用钙、镁、磷肥拌种。

（2）选地、整地　以沙质壤土为好，选择土层深厚、土质疏松、排水良好的红色或棕红色壤土，入冬前深翻冻垡。

（3）播种　采取双行种植（南城产区），畦宽1m，沟宽30cm左右，行株距为60cm×（30～35）cm，亩栽3 000～3 500株，挖或打70cm左右深沟。

（4）田间管理　山药苗高15cm左右时，及时用小竹竿按行搭人字形支架，支架高度2m左右。出苗前可用化学除草，出苗后结合中耕人工除草3～4次。留1根主蔓和1～2根较为粗壮侧蔓，其余的要抹除。

施足基肥和种肥，亩施干粪、草木灰或土杂肥2 500～3 000kg和复合肥25～30kg，亩用45%硫酸钾复合肥15～25kg。山药施肥除施足基肥外，还要施好4次追肥：早施提苗肥两次，齐苗肥一次，块茎形成膨大肥一次。

江西6—7月为梅雨季节，应及时开沟排水。7月以后天气干旱，应浇水或灌溉。

（5）**病虫害防治** 山药病害有炭疽病、褐斑病、枯萎病、茎腐病、褐腐病、根结线虫病等。结合田间管理，及时防治山药病虫害。

（6）**采收和留种** 南城白皮精薯为江西山药地方品种，一般在8月中旬开始采收并上市。零余子在10月初霜期采收，采收后晾晒1～2d，然后沙藏过冬，翌年作种用。种薯在霜降前采收入地窖中，沙藏。

九、永丰淮山药

1.品种来源

江西省永丰县地方品种。

2.特征特性

永丰淮山药为早熟品种,9月中下旬即可收获。蔓生长势中等，茎圆形绿色，叶小、三角卵形，单生，叶色黄绿色。零余子多，产量高，300kg/亩。种皮黄白色，根毛少，块茎截面乳白色。块茎长条形，龙头细小，平均长57.6cm，直径3.5cm，单株重0.75kg。中抗炭疽病，抗旱性强（图1-9、图1-10）。

图1-9　永丰淮山药成熟期植株　　　　图1-10　永丰淮山药块茎

3.产量表现

产量较高，平均亩产1 500kg。

4.栽培要点

（1）**种薯选择及处理** 种薯播前晾晒种1～2d后，用多菌灵浸种5～10min，捞出晾干，用钙、镁、磷肥拌种或用代森锰锌粉剂直接拌种。

（2）**选地、整地** 以沙质壤土为好，选择土层深厚、土质疏松、排水良好的红色或棕红色壤土，入冬前深翻冻垡。

（3）**起垄埋槽盖膜**　采取定向栽培方法，用起垄机起100cm宽垄，30cm高垄，垄沟30cm，并将垄一高一低与垄平面成倾角为15°～30°的斜坡。顺斜坡埋设定向槽，槽长60～80cm，槽内填充谷壳或有机质后盖土10cm，槽距30cm，然后铺绒毡布或黑膜预防草害。

（4）**播种**　直播或育苗移栽：直播于4月上中旬播种。小拱棚育苗：播种期为3月中下旬。直播株距30cm，密度2 200株/亩左右。种薯块播于槽顶，并在种薯块周围撒施种肥。

（5）**田间管理**　山药苗高15cm左右时，及时用小竹竿按行搭人字形支架，支架高度2m左右。留1根主蔓，抹除侧蔓。江西6—7月为梅雨季节，应及时开沟排水。7月份以后天气干旱，应浇水或灌溉。

施足基肥和种肥。视土壤肥力水平，一般亩施农家肥2 000kg或商用有机肥1 000kg作基肥。亩施肥45%或51%硫酸钾复合肥50kg，肥力低的土壤可以适量增施有机肥和复合肥。适时早施齐苗肥每亩施尿素10～15kg、复合肥15～20kg一次，并结合病害防治喷洒药剂，加施叶面肥，以培育壮苗。块茎形成膨大期，选择雨天追施复合肥10～15kg/亩。

（6）**病虫害防治**　山药病害有炭疽病、根结线虫病等，结合田间管理，及时防治山药病虫害。

（7）**采收和留种**　于9月中下旬可陆续采收上市，下霜前必须全部收获完毕。未及时销售的商品薯和种薯需放入地窖保存。

十、泰和竹篙薯

1.品种来源
江西省泰和县地方品种。

2.特征特性
泰和竹篙薯为中晚熟品种，10月中下旬即可收获。植株生长势强，茎圆形，棕褐色；叶长三角形、墨绿色，蜡质厚。种皮黄褐色，根毛少，块茎截面乳白色。块茎长圆柱形，平均长125.2cm，直径3.9cm，单株重1.05kg。经检测，鲜样淀粉含量23.9%，蛋白质含量2.49%。微量元素铁含量3.36mg/kg，锌含量3.49mg/kg，硒含量0.004gm/kg。功能物质含量：皂苷178.4mg/g。高抗高抗炭疽病、褐斑病、枯萎病、茎腐病、褐腐病，抗旱性强（图1-11）。

3.产量表现
产量较高，平均亩产2 200kg。

图1-11　泰和竹篙薯

4．栽培要点

（1）**种薯选择及处理**　种薯播前晾晒种1～2d后，用多菌灵浸种5～10min，捞出晾干，用钙、镁、磷肥拌种或用代森锰锌粉剂直接拌种。

（2）**选地、整地**　以沙质壤土为好，选择土层深厚、土质疏松、排水良好的红色或棕红色壤土，入冬前深翻冻垡。

（3）**起垄埋槽盖膜**　采用定向栽培方法，用起垄机起160cm宽垄，30cm高垄，垄沟30cm，并将垄一高一低与垄平面成倾角为15°～30°的斜坡。顺斜坡埋设定向槽，槽长150cm、宽5.5cm、深2.5cm。槽内填充谷壳或有机质后盖土10cm，槽距20cm。

（4）**播种**　直播或育苗移栽：直播于4月上中旬播种。小拱棚育苗播种：于3月中下旬播种。直播株距20cm，密度2 500株/亩左右。种薯块播于槽顶，并在种薯块周围撒施种肥。

（5）**田间管理**　山药苗高15cm左右时，及时用小竹竿按行搭人字形支架，支架高度2m左右。留1根主蔓，抹除侧蔓。江西6—7月为梅雨季节，应及时开沟排水。7月以后天气干旱，应浇水或灌溉。

施足基肥和种肥。视土壤肥力水平，一般亩施农家肥2 000kg或商用有机肥1 000kg作基肥。亩施肥45%或51%硫酸钾复合肥50kg，肥力低的土壤可以适量增施有机肥和复合肥。适时早施齐苗肥一次，每亩施尿素10～15kg、复合肥15～20kg，并结合病害防治，喷洒药剂，加施叶面肥，以培育壮苗。块茎形成膨大期，选择雨天追施复合肥10～15kg/亩。

（6）**病虫草害防治**　山药病害有炭疽病、根结线虫病等，结合田间管理，及时防治山药病虫害。槽盖土后及时喷洒乙草胺封闭防草，同时垄面全部覆盖绒毡布或黑网膜防治杂草。

（7）**采收和留种**　10月中下旬可陆续采收上市，下霜前必须全部收获完毕。未及时销售的商品薯和种薯需放入地窖保存。

十一、桂淮6号

1. 品种来源

江西省农业科学院作物研究所2007年从广西农业科学院经济作物研究所引进桂淮6号，经过5年系统鉴定、品系比较试验、生产试验和示范鉴定的山药品种。

2. 特征特性

桂淮6号属早熟品种，生育期170～190d。植株长势旺盛，茎右旋、四棱形、粗壮。叶片肥大，黄绿色阔心形。块茎粗壮、棒槌形、表皮红褐色，商品性好，块茎截面乳白色，黏液多，口感佳，味浓。单株块茎数4个左右，单块茎长度约33cm，直径4cm左右（图1-12）。

高抗炭疽病、病毒病、青枯病等山药常见病害。耐重茬，耐瘠薄，抗旱性强。适应性强，适合江西各地栽培。

新鲜块茎水分含量为78.8%。干样块茎：锌和铁含量分别为20.2mg/kg和12.0mg/kg，铜含量7.17mg/kg，淀粉含量70.5%，粗蛋白含量11.2%，氨基酸总量7.83%，总皂苷含量0.72%，可溶性总糖含量26.3%，粗脂肪含量0.28%。

图1-12　桂淮6号

3. 产量表现

大田种植一般亩产为3 200 ～ 35 00kg，比主栽品种南城药薯增产81.1%～97.3%。

4. 栽培技术要点

（1）**种薯选择**　挑选粗壮无病害、虫害及伤口薯茎作种。

（2）**选地整地**　土层深厚，疏松肥沃，向阳通畅，pH呈中性的沙质土、黏土、黄土均可种植；深耕80 ～ 100cm并保持土层内无石块、砖头等杂物。整平后施足基肥，每亩施腐熟农家粪3 000kg，硫酸钾高钾复合肥150kg，耙平、整细，作宽50 ～ 60cm、高20cm的龟背形畦。

（3）**播种**　于4月底至6月上中旬播种，地膜覆盖和小拱棚催芽可在3月上中旬播种，每亩播种薯块150kg。行株距140cm×30cm，每亩种植1 600株左右。

（4）**田间管理**　一般只留1棵芽或1根苗，及时摘（拔）除多余的芽苗。苗20cm时用细竹竿搭牢支架引蔓，摘除主蔓基部过多侧枝。做好清沟排水，防止内涝，久晴地面干燥应及时浇水。

茎蔓满架期，亩追施高浓度复合肥25 ～ 35kg，追施尿素10kg/亩。生长后期喷施0.3%的磷酸二氢钾溶液和尿素2 ～ 3次，以保叶防老。

（5）**病虫害防治**　重点防治山药炭疽病、褐斑病、青枯病、病毒病和蛴螬、地老虎等山药主要病虫害。

（6）**采收和储藏**　霜降后及时采收，采收时注意不要伤其表皮。收获后可及时上市也可在地窖或房间内整株保存。

十二、江西山药主要栽培技术

淮山药，又名薯蓣、山芋、诸薯、延草、薯药、大薯等，在中药材上称之为淮山、山药、怀山药等；在北方地区，称之为山药、怀山药等，南方地区尤其是广西、广东等地称为淮山。

（一）淮山药定向栽培技术

1. 播前准备

（1）**整地起垄**　用拖拉机旋耕后，再用旋耕起垄一体机进行起垄，垄高约30cm，垄宽120cm。

（2）**定向埋槽**　按照株距25 ～ 30cm斜向下挖槽沟，沟长100cm，沟顶部深约5cm，沟底部深约20cm，槽沟宽15cm，槽沟面与垄底水平面成10°～ 20°。

顺槽沟方向埋定向槽或垫塑料片。

（3）**槽料填充**　槽埋好后顺槽斜面方向撒施约5cm厚腐熟农家肥或谷壳。

（4）**基肥施用**　定向槽埋好及槽内填料后，在每个槽的槽顶周围约10cm半径范围内撒施农家肥、磷肥和复合肥的复混肥作基肥。基肥每亩施腐熟农家肥或商品有机肥约1 000kg，磷酸二铵50kg（五氧化二磷含量为53.75%，氮含量21.71%），45%复合肥50kg（氮：五氧化二磷：氧化钾为15∶15∶15）。

（5）**种肥施用**　播种时，在每个槽顶内侧撒施复混肥作种肥，种肥每亩施腐熟农家肥或商品有机肥约500kg、磷酸二铵30kg（五氧化二磷含量为53.75%，氮含量21.71%）、45%复合肥30kg（氮：五氧化二磷：氧化钾为15∶15∶15）。

（6）**盖土造坡**　在撒施基肥、种肥和填料后，将槽底的多余碎土拨向槽顶，使垄面与垄底水平面形成10°～20°夹角的坡度。

2. 种薯选择和处理

（1）**种薯选择**　选用高产、优质、高抗、生长势强的品种，如桂淮7号、桂淮9号、台紫3号等，选用粗大、无病虫、无损伤、发芽势旺的块茎作为种薯。

（2）**种薯处理**　种薯块茎切成4～5cm长的种薯块，用50%多菌灵可湿性粉剂500～600倍液浸种10～15min后捞起晾干，并在伤口涂抹草木灰或生石灰使伤口愈合。

（3）**种薯催芽**　经过处理和伤口愈合的种薯块均匀铺盖在向阳地势较高的苗床上，覆盖5～10cm细沙后搭小拱棚催芽。

（4）**播种**　据不同的土壤条件和不同的品种，每亩种植1 600～2 200株。

播种时，将经过处理或催芽的种薯块播种于盖好土的定向槽内，种薯块距离槽顶约5cm，再在种薯上盖碎土10～15cm。

3. 前期管理

（1）**补苑摘苗**　出苗后定期检查，发现缺苑的及时补种。发现单株幼苗过多的，及时去除弱小苗，保留壮苗1～2条。

（2）**搭架引蔓**　当苗高25cm左右时，用竹子搭人字形架，并将蔓牵引上架。

（3）**松土追肥**　引蔓上架后，红壤旱地可进行一次松土和追肥。追肥每亩用尿素3kg兑水淋施。

4. 中期管理

（1）**追肥**　苗情长势较弱时，需要及时跟进水、肥养分，每亩追施45%复合肥10～15kg。

（2）**打顶**　苗情生长过旺时，应及时进行适当修剪和打顶。

5. 后期管理

（1）**化学调控** 顶芽生长过快过多时，每亩用15%多效唑可湿性粉剂65g，兑水60kg，喷洒叶片，控制植株生长，促进块茎膨大。

（2）**水分** 控制田间水分，保持土壤湿润、疏松、透气。

（3）**追肥** 块茎膨大期，根据植株长势情况，适时每亩追施45%复合肥20～30kg。

（4）**叶面肥** 后期气温低于25℃时，看苗追肥，苗势弱的可根外施肥，叶面喷施0.2%～0.5%的磷酸二氢钾或其他叶面肥。

6. 病虫草害防治

重点防治山药炭疽病、褐斑病、青枯病、病毒病和蛴螬、地老虎等山药主要病虫害。

7. 收获与贮藏

（1）**收获** 淮山药地上部茎叶老化变黄，块茎膨大充实、皮老熟后为最佳采收期，在早霜前选择晴好天气收获（图1-13）。

图1-13　淮山药定向栽培

（2）贮藏 贮藏有室内（室内贮藏和土窖）和室外大田就地贮藏。室内贮藏温度15～18℃，相对湿度70%～80%。仓库保持通风透气，土窖贮藏窖内温度保持10～15℃。大田就地贮藏：初霜前选择晴好天气，割除藤蔓并清理杂草和落叶，让垄面晾晒2～3d后盖厚地膜，膜边缘盖5cm土，使地膜四周严实。深开围沟和中沟，保持排水通畅。

（二）长型淮山药机械起垄无搭架微型薯栽培技术

1. 品种选择

选择植株营养体旺盛、抗病、抗逆性强、枝蔓多的淮山药品种，如桂淮6号、台紫1号、桂淮7号等。种薯需无虫、无病、无损伤。

2. 选地与整地

选择地势高，土层深厚，疏松肥沃，向阳通畅，pH呈中性或偏酸性沙质壤土或沙土，禁止连茬，其中沙土最佳；整地需深耕30～50cm并保持土层内无石块等杂物。

3. 起垄

起40cm左右的小高垄，垄距80cm。

4. 播种

于4月上旬至6月上中旬播种，地膜覆盖和小拱棚催芽可在3月上中旬播种，每亩薯块150kg，株距30cm，密度3 000株左右。

5. 留芽

每株留3～5个健壮芽，及时摘除多余的芽苗，全生育期不需搭架，让枝蔓在地上自由匍匐生长。

6. 田间管理

出苗后遇持续干旱7d以上时，需及时滴灌，苗高35cm时，进行第一次追肥，轻施人粪尿或每亩用尿素5～10kg兑水淋施。促进幼苗生长，生长前期长势弱的，每亩追施复合肥7.5～10kg。块茎伸长膨大盛期，植株生长明显缺肥的，每亩追施45%复合肥10kg，肥料可融化在灌溉水中进行滴灌。块茎伸长膨大期后期，气温较低，看苗追肥，对苗势还比较弱的叶面喷施0.5%的磷酸二氢钾或其他叶面肥。

7. 收获

下霜前，选择晴好天气收获（图1-14）。

图1-14　长型淮山药机械起垄无搭架微型薯栽培

（三）丘陵坡地幼龄沙糖橘果园（油茶园）套种淮山药的栽培技术

1. 整地

将丘陵坡地土壤挖松，除去杂草、杂木和石头。

2. 挖穴定植沙糖橘

挖株距为200cm，行距为300cm的定植穴，定植沙糖橘树苗。

（1）**种植坑地准备**　挖1m³（长×宽×深=1m×1m×1m）正方形深坑。每坑施放磷肥1～2kg、石灰2～3kg、塘泥50kg、腐熟鸡粪15～25kg。填坑时，把肥料与塘泥及部分土壤混合均匀再填回坑中，堆起的树盘要高出地面20cm左右。

（2）**幼龄果苗处理**　定植前，要剪去幼苗部分枝叶，以减少水分蒸发。剪去主根，尽量保留须根。

（3）**定植**　处理后的幼龄果苗，在2月或3月上中旬晴好天气定植。定植时，挖浅坑，让须根自然舒展，然后回土，压实泥土，埋土高度不能超过幼龄果苗的嫁接部位。

（4）**定植后水肥管理**　在树盘上盖上稻草或其他杂草，淋足定植水。定植后1个月内，要保持根系附近土壤湿润。气温高，久晴无雨土壤干燥时，要每天淋水。

定植40d后，新根开始生长，可用腐熟粪水稀释2～3倍淋湿，每隔10～15d施一次，每株2～5kg。幼树成长过程中，逐步增加粪水和化肥用量，每次肥粪水10～15kg，尿素0.05～0.1kg。当年9月，停止施用氮肥和粪水，施一次钾肥，同时要注意土壤水分管理。

（5）**幼龄树苗整形修剪**　定植后，在主干40cm处短截，让其萌芽后选留3～4条方向各异的枝条当主枝。主枝与主干成45°。主干老熟后在30cm处再次短截，并在主枝上选3条方向各异的副主枝。以后均可采用这种方法延长树体与骨干枝。对主枝、副枝等骨干枝上着生的直立枝要剪去，弱分枝要适当保留作为助枝。每枝梢一般留3～4条，多余的全部疏掉。

为使夏梢和秋梢抽梢整齐，要抹芽控梢，把嫩芽抹去，刺激侧芽萌发。待全园80%的枝条萌发时，统一控梢。

3．施肥

将两行沙糖橘树苗之间的土壤挖松，施撒底肥，用量为2 201kg/亩。并排深耕，起播种垄；其中，底肥的组成为2 000kg的腐熟猪粪或鸡粪，100kg的硫酸钾型复合肥（氮∶磷∶钾15∶15∶15），海藻80kg，乳酸钙20kg，维生素B_4 1kg。

4．淮山药套种

按照常规方法在沙糖橘行间套种淮山药。

（1）**种薯选择和催芽**　选用高产、优质、高抗、生长势强的淮山药品种，如桂淮5号、桂淮7号等。选用粗大、无病虫、无损伤、发芽势旺的块茎作为种薯。

种薯块茎切成5cm左右长的种薯块，用50%多菌灵可湿性粉剂500～600倍液浸种10～15min后捞起晾干，并在伤口涂抹滑石粉或生石灰使伤口愈合。

经过处理和伤口愈合的种薯块均匀铺盖在向阳地势较高的苗床上，覆盖5～10cm细沙后搭小拱棚催芽。催芽播种期可提前至2月中下旬或3月上中旬。

（2）**栽植**　3月下旬或4月上旬，用起垄机械起好播种垄，并在垄面开深5～10cm播种沟。在播种沟内每亩撒施种肥50kg，然后将催好芽的薯块移栽到播种沟内。淮山药栽植的行距为40cm，株距为30cm。每亩栽植1 200～1 600株，再在种薯上盖碎土5～10cm。

（3）**田间管理**

①补苗摘苗：出苗后定期检查，发现缺苗的及时补种。发现单株幼苗过多的，及时去除弱小苗，保留壮苗1～2条。

②搭架引蔓：当苗高25cm左右时，用竹子搭人字形架，并将蔓牵引上架。

③松土追肥：引蔓上架后，红壤旱地可进行一次松土和追肥。追肥每亩用尿素3kg兑水淋施。如苗情长势较弱时，需要每亩追施45%复合肥10～15kg。薯块膨大期，根据植株长势情况，适时每亩追施45%复合肥20～30kg。

④化学调控：顶芽生长过快过多时，每亩用15%多效唑可湿性粉剂65g，兑水60kg，喷洒叶片，控制植株生长，促进薯块膨大。后期气温低于25℃时，看苗追肥，对苗势弱的可根外施肥，叶面喷施0.2%～0.5%的磷酸二氢钾或其他叶面肥。

⑤水分管理：保持土壤湿润、疏松、透气。天气晴好干燥时，及时滴灌补水。

⑥病虫害防治：重点防治炭疽病、线虫病、根腐病、褐斑病、叶纹病、枯萎病、褐腐病等病害；防治小地老虎、蝼蛄、斜纹夜蛾等害虫。

5. 收获淮山药

在10月下旬或11月上旬，初霜前，选择晴好天气收获。

6. 藤蔓填埋有机沤肥

收获之后将淮山药藤蔓直接翻入土壤进行发酵处理（图1-15）。

图1-15　幼龄果（油茶）园套种淮山药

（四）特色紫山药周年供应栽培技术

特色紫山药：主要指表皮和薯肉为紫红色，原花青素含量较高，皂苷、淀粉含量、蛋白质、微量元素等营养物质丰富的长圆形淮山药品种。

1. 塑料大棚选择和管理

（1）**大棚的基本要求**　选择需要轮耕的闲置蔬菜大棚，棚架相对牢固，具备一定喷滴灌设施。

（2）**大棚规格**　每个大棚200m²左右，棚宽10m，棚高2.5m。棚架长向和宽向两侧沟宽均为50cm。每棚4垄，垄宽140～150cm，垄沟宽30cm，垄沟深20～30cm，四周围沟深30～40cm。

（3）**大棚管理**　每年4—10月，将棚顶、棚四周塑料膜完全揭开，保持大棚完全通畅和透光；或保留棚顶、棚四周膜掀开至半腰侧，确保棚顶透光及四周完全通气透光。

2. 播前准备

（1）**整地起垄**　用蔬菜大棚专用小型机械旋耕起垄，垄高约30cm，垄宽140～150cm。

（2）**定向埋槽和填料**　按照株距25～30cm斜向下挖槽沟，沟长100cm，沟顶部深约5cm，沟底部深约20cm，槽沟宽15cm，槽沟面与垄底水平面成15°～30°。然后顺槽沟方向埋定向槽或垫塑料片。槽埋好后顺槽斜面方向撒施约5cm厚腐熟农家肥或谷壳。

（3）**基肥和种肥施用**　定向槽埋好及槽内填料后，在每个槽的槽顶周围约10cm半径范围内撒施农家肥、磷肥和复合肥的复混肥作基肥。基肥每亩施腐熟农家肥或商品有机肥约1 000kg，磷酸二铵50kg（五氧化二磷含量为53.75%，氮含量21.71%），45%复合肥50kg（氮∶五氧化二磷∶氧化钾为15∶15∶15）。

播种时，在每个槽顶内侧撒施复混肥作种肥，种肥每亩施腐熟农家肥或商品有机肥约500kg，磷酸二铵30kg（五氧化二磷含量为53.75%，氮含量21.71%），45%复合肥30kg（氮∶五氧化二磷∶氧化钾为15∶15∶15）。

（4）**盖土造坡**　在撒施基肥、种肥和填料后，将槽底的多余碎土拨向槽顶，使垄面与垄底水平面形成10°～20°的坡度。

3. 品种选择和种薯处理

选用高产、优质、高抗、生长势强的红皮紫肉特色山药品种，如赣紫1号、桂紫1号、台紫3号等，选用粗大、无病虫、无损伤、发芽势旺的块茎作为种薯。

种薯块茎切成4～5cm长的种薯块，用50%多菌灵可湿性粉剂500～600倍液浸泡10～15min后捞起晾干，并在伤口涂抹草木灰或生石灰使伤口愈合。

将经过处理和伤口愈合的种薯块均匀铺盖在向阳地势较高的苗床上，覆盖5～10cm细沙后，搭小拱棚催芽。

4．播种

播种期可提前至2月中下旬或3月上中旬。

根据不同的土壤条件和不同的品种，每亩播种1 600～2 200株。播种时，将经过处理或催芽的种薯块播于盖好土的定向槽内，种薯块距离槽顶约5cm处，再在种薯上盖碎土10～15cm。

5．田间管理

（1）**水分管理**　控制田间水分，保持土壤湿润、疏松、透气。

（2）**补苗摘苗**　出苗后定期检查，缺苗的及时补种。单株幼苗过多的，及时去除弱小苗，保留壮苗1～2条。

（3）**搭架引蔓**　当苗高25cm左右时，用竹竿搭人字形架，并将蔓牵引上架。

（4）**松土追肥**　引蔓上架后，红壤旱地可进行一次松土和追肥，追肥每亩用尿素3kg兑水淋施。

苗情长势较弱时，需要及时跟进水、肥养分，每亩追施45%复合肥10～15kg。块茎膨大期，根据植株长势情况，适时每亩追施45%复合肥20～30kg。后期气温低于25℃时，看苗追肥，苗势弱的可根外施肥，叶面喷施0.2%～0.5%的磷酸二氢钾或其他叶面肥。

（5）**化学调控**　顶芽生长过快过多时，每亩用15%多效唑可湿性粉剂65g，兑水60kg，喷洒叶片，控制植株生长，促进薯块膨大。

6．病虫草害防治

重点防治炭疽病、线虫病等病害；防治小地老虎、蝼蛄、斜纹夜蛾等害虫。防治按照《农药安全使用规范》（NY/T 1276—2007）执行。

7．冬季储藏保存管理

（1）**深开围沟清通垄沟**　10月霜前和封膜前，选择晴好天气深开棚外围沟和棚内围沟，确保棚外围沟深于棚内围沟，方便排水。棚内围沟深于垄沟，保持排水通畅，冬季大雨、暴雨天气棚内不滞水，垄面始终清爽干燥。

（2）**盖膜封棚**　初霜前，选择晴好天气将大棚完全盖膜且将四周膜底用土盖严盖实。宽向两侧设置覆盖塑料膜的可开关的活动小门。

（3）**透气保温保湿**　11月至翌年3月，如遇无霜冻、冰冻、雪灾的晴好天气，适时将两侧小门打开通风透气。适时开启喷滴灌设施喷滴灌，保持棚内温、湿度，温度保持在15～25℃，湿度50%～80%（图1-16）。

图1-16　特色紫山药周年供应栽培

（五）瑞昌山药定向栽培技术

1. 产地选择

（1）**产地条件**　土质疏松、排灌良好，海拔300～500m的高山坡地，与其他非薯蓣科或块茎类作物轮作5年以上。

（2）**产地环境**　产地环境要求符合《绿色食品 产地环境调查、监测与评价规范》（NY/T 1054—2021）标准。土质为中性或偏碱性深层的棕、红色石灰岩土壤，或石灰岩泥土壤，土层深度80cm以上。

2. 播前准备

（1）**冬耕冻伐**　冬闲时将轮作5年以上的非重茬地块，每亩施入腐熟农家肥2 000kg、纯石灰75kg，于12月中下旬深翻耕2次，翻耕深度约40cm，使土壤细碎疏松。

（2）**整地起垄**　用拖拉机旋耕1遍后，再用旋耕起垄一体机与坡地与坡度垂直起高垄，垄高约30cm，垄宽140cm。

（3）**定向埋槽**　按照株距20～30cm顺坡地坡度斜向下挖槽沟，沟长100cm，沟顶部深约5cm，沟底部深约20cm，槽沟宽15cm，槽沟面与垄底水平面成10°～20°倾角，然后顺槽沟方向埋定向槽。

（4）**槽料填充**　定向槽埋好后，顺槽斜面方向撒施约5cm厚腐熟农家肥或谷壳。

（5）**基肥施用**　每个槽的槽顶周围约10cm半径范围内撒施农家肥、磷肥和复合肥的复混肥作基肥，45%以上复合肥50kg（氮：五氧化二磷：氧化钾为15∶15∶15）。

（6）**种肥施用**　播种前，在每个槽顶内侧撒施复混肥作种肥，每亩施45%含量以上硫酸钾型复合肥30kg。

（7）**垄面平整**　在撒施基肥、种肥和填料后，并将槽底的多余碎土拨入垄面，并将垄面平整与坡地坡度成自然平行状。

（8）**垄面覆盖**　垄面平整后，及时对垄面喷洒乙草胺或咪鲜胺，每条定向槽裸露预留出种薯播种位，其余垄面用防草绒布或黑色防草遮阳网覆盖。

3．品种选择和种薯处理

（1）**品种选择**　选择高产、优质、抗病的瑞昌山药品种。

（2）**种薯处理**　精细挑选上季生产中无病毒病、炭疽病、线虫和其他真菌性、细菌性病害发生的植株的粗壮、无损伤、发芽强的块茎做种薯。种薯切成约5cm长的块段，用50%多菌灵可湿性粉剂500～600倍液浸泡10～15min后捞起晾干，并在伤口涂抹生石灰和滑石粉使伤口愈合；或用代森锰锌粉剂拌种晾干。

（3）**种薯催芽**　3月上、中旬，将经过消毒处理和伤口愈合的种薯块均匀铺盖在向阳地势较高的苗床上，覆盖5～10cm细沙后，搭小拱棚催芽。

4．播种

根据不同的土壤条件和品种生长势，每亩播种2 200～3 000株。

播种时，将催芽的种薯播种于盖好土的定向槽内，种薯块距槽顶5cm处，再在种薯块上盖碎土约10～15cm。

5．田间管理

（1）**水分管理**　控制生产地块水分，干旱天气利用滴灌设施及时补充水分，保持土壤湿润、疏松。

（2）**补苑摘苗**　出苗后定期检查，缺苑的及时补种。单株幼苗过多的，去除弱小苗，保留壮苗1～2条。

（3）**搭架引蔓**　当苗高30cm左右时，用竹子搭人字形架，并将茎蔓牵引上架。

（4）**松土追肥**　苗期视苗情长势，结合中耕培土追肥。结合滴灌补水，每亩水肥一体化追施尿素3kg，雨天在根部补施45%以上硫酸钾型复合肥10～15kg。块茎膨大期，适时每亩追施45%含量以上复合肥20～30kg。成熟期，气温低于25℃时，每亩喷施0.2%～0.5%的磷酸二氢钾或其他叶面肥。

6．病虫草害防治

病、虫、草害防治参照《农药安全使用规范》（NY/T 1276—2007）执行，从选种开始严密防治病毒病、炭疽病、线虫等病害；防治地老虎、斜纹叶蛾等害虫。

7.收获与保存

（1）**收获**　在10月下旬至11月上旬地上部茎叶老化变黄开始采收上市，可根据市场行情灵活选择采收时间。

（2）**保存**　室内保存温度15～18℃，相对湿度70%～80%，保持通风透气。土窖贮藏窖内温度保持10～15℃，保存前做好贮藏地窖消毒，保存期做好通风排湿。生产地块就地贮藏：深开排水沟，保持排水通畅和垄面干爽，随采随拆架（图1-17）。

图1-17　瑞昌山药定向栽培

（六）永丰淮山药机械起垄定向栽培技术

1.产地选择

（1）**产地条件**　土质疏松、排灌良好的丘陵红壤坡地。

（2）**产地环境**　产地环境要求符合《绿色食品 产地环境调查、监测与评价规范》（NY/T 1054），利于保优种植。

2.播前准备

（1）**冬耕冻伐**　冬闲时每亩施入腐熟农家肥2 000kg、纯石灰50～75 kg，于12月中下旬深翻耕1～2次，翻耕深度30～40cm，使土壤细匀疏松。

（2）**整地起垄**　用拖拉机旋耕2遍后，再用旋耕起垄一体机进行起垄，垄高约30cm，垄宽180cm。

（3）**定向埋槽**　按照株距20～30cm斜向下挖槽沟，沟长150cm，沟顶部深约5cm，沟底部深约20cm，槽沟宽15cm，槽沟面与垄底水平面成10°～20°倾角，然后顺槽沟方向埋定向槽。

（4）**槽料填充**　槽埋好后顺槽斜面方向撒施约5cm厚腐熟农家肥或谷壳。

（5）**基肥施用**　定向槽埋好后，在每个槽的槽顶周围约10cm半径范围内撒施农家肥、磷肥和复合肥的复混肥作基肥，45%以上复合肥50kg（氮∶五氧化二磷∶氧化钾为15∶15∶15）。

（6）**种肥施用**　播种前，在每个槽顶内侧撒施复混肥作种肥，种肥每亩施硫酸钾型45%含量以上复合肥30kg。

（7）**盖土造坡**　在撒施基肥、种肥和填料后，将槽底的多余碎土拨向槽顶，使垄面与垄底水平面形成10°～20°的坡度。

（8）**种植垄覆盖**　盖土造坡后，及时对垄面喷洒乙草胺或咪鲜胺，其余垄面用防草绒布或黑色防草遮阳网覆盖预防草害，每条定向槽裸露，预留出种薯播种位。

3.品种选择和种薯处理

（1）**品种选择**　选用当地高产、优质、高抗、生长势强的永丰淮山药品种。

（2）**种薯处理**　选用粗壮、无病虫、无损伤、发芽强的块茎做种薯。种薯切成约5cm长的薯块段，用50%多菌灵可湿性粉剂500～600倍液浸种10～15min后捞起晾干，并在伤口涂抹生石灰和滑石粉使伤口愈合；或代森锰锌粉剂拌种晾干。

（3）**种薯催芽**　3月上中旬，将经过消毒处理和伤口愈合的种薯块均匀铺盖在向阳、地势较高的苗床上，覆盖5～10cm细沙后搭小拱棚催芽。

4.播种

根据不同的土壤条件和品种生长势，每亩播种1 600～2 200株。

播种时，将催芽的种薯播种于盖好土的定向槽内，种薯块距槽顶5cm处，再在种薯上盖碎土10～15cm。

5.田间管理

（1）**水分管理**　控制田间水分，干旱天气保持土壤湿润、疏松。多雨天气做好排水，确保生产地块不滞水。

（2）**补苑摘苗**　出苗后定期检查，缺苑的及时补种。单株幼苗过多的，去除弱小苗，保留壮苗1～2条。

（3）**搭架引蔓**　当苗高25cm左右时，用竹竿搭人字形架，并将茎蔓牵引上架。

（4）**松土追肥** 苗期视苗情长势，结合中耕培土和追肥。每亩兑水淋追施尿素3kg，雨天补施45％复合肥10～15kg。块茎膨大期，根据植株长势情况，适时每亩追施45％含量以上复合肥20～30kg。成熟期，气温低于25℃时，看苗追肥，苗势弱的可根外追施叶面肥，每亩喷施0.2％～0.5％的磷酸二氢钾或其他叶面肥。

（5）**打顶和化学调控** 苗情生长过旺时，应及时适当打顶。顶芽生长过快过多时，每亩用15％多效唑可湿性粉剂65g，兑水60kg，喷洒叶片，控制植株徒长。

6.病虫草害防治

病、虫、草害防治参照《农药安全使用规范》NY/T 1276—2007执行，主要防治炭疽病、线虫等病害，以及地老虎、斜纹叶蛾等害虫。

7.收获与贮藏

（1）**收获** 10月上中旬，永丰淮山药地上部茎叶老化变黄时就可以采收上市，并可根据市场行情灵活选择采收时间，最好在早霜前选择晴好天气全部收获完成。

（2）**贮藏** 室内贮藏温度15～18℃，相对湿度70％～80％。仓库保持通风透气，土窖贮藏，窖内温度保持10～15℃。大田就地贮藏：初霜前选择晴好天气，割除藤蔓并清理杂草和落叶，让垄面晾晒2～3d后盖厚地膜，膜边缘盖5cm土，使地膜四周严实。深开围沟和中沟，保持排水通畅（图1-18）。

图1-18 永丰淮山药定向栽培

单位：江西省农业科学院作物研究所

主要编写人员：汤洁、戴兴临、辛佳佳、涂玉琴、张洋

第二章
江苏山药品种介绍及栽培方法

一、苏蓣1号

1. 品种来源

江苏省农业科学院经济作物研究所以浙江紫蓣药为材料，经系统选育的紫山药新品种。

2. 特征特性

苏蓣1号为中晚熟品种，蔓长势较强，右旋，棱形有翼。叶片较大，绿色，单叶，长卵三角形。叶脉黄绿色，基出脉7条。不结零余子，不开花。鲜块茎皮色紫色，根毛少而粗，截面紫色，肉质粒状，维管束粗，不光滑。块茎长卵形，长度12～18cm，直径6～8cm，单株重0.45～0.55kg，易贮藏（图2-1）。富含花青素，口感粉糯。抗炭疽病和褐腐病，高抗疫病和软腐病。适宜全程机械化作业，可在华中和华南地区的山药产区推广。

图2-1 苏蓣1号田间长势与块茎性状

3. 产量表现

产量较高，平均亩产1 300kg。

4. 栽培要点

（1）**整地施肥** 入冬前深翻冻垡。基肥施腐熟土杂肥2 000～3 000kg/亩、腐熟饼肥100～150kg/亩或山药专用型复混肥（江苏省农业科学院研制)500kg/亩。

（2）**起垄盖膜**　春节后开冻即可机械打垄，垄距80～100cm，垄高25～30cm，单垄单行种植。覆盖黑膜。

（3）**种薯处理**　播种前将种薯切成100g左右的种薯块，用22.5%啶氧菌酯悬浮剂和咪鲜胺1 000倍液浸种10min，晾干，用生石灰＋硫酸铜（10：1）或用代森锰锌粉剂拌种。

（4）**播种**　直播或催芽后播种，株距30～33cm，密度2 500～2 800株/亩。

（5）**田间管理**　甩蔓后，及时搭架引蔓，去除侧蔓，留1根主蔓。及时浇水或灌溉，保证土壤湿度。如遇雨季，及时疏通三沟（围沟、腰沟、垄沟）。膨大期前后（苏南地区，7月下旬），应追施膨大肥。据苗势情况追肥，一般亩施45%硫酸钾复合肥25kg。

（6）**病虫害防治**　主要病害有炭疽病、黑斑病、软腐病、褐腐病、根结线虫病等，以炭疽病为主。苗期可用可杀得3000 1 000～1 500倍液喷雾保护，每隔15d左右喷1次。零星发病时，及时选用22.5%啶氧菌酯悬浮剂、75%甲基托布津可湿性粉剂或25%咪鲜胺1 000～1 500倍液均匀喷雾。以上药剂最好轮换交替使用，每隔15d左右喷1次。虫害主要有叶峰和斜纹夜蛾，可用4.5%高效氯氟氰菊酯1 500～2 000倍液或20%氯虫苯甲酰胺悬浮剂3 000～6 000倍液防治，每隔15d左右喷1次。

（7）**采收与贮藏**　采收宜在下霜前进行。采收后要晾晒2～3d，最好采用窖藏和冷库贮藏。若无条件，可放在室内贮藏，温度控制在15～18℃，相对湿度为75%～85%，注意不要受冻。

二、苏蓣5号

1.品种来源

江苏省农业科学院经济作物研究所以浙江紫蓣药为材料，经系统选育的紫山药新品种。

2.特征特性

苏蓣5号为中晚熟品种，蔓长势较强，右旋，棱形有翼。叶片较大，绿色，单叶，长卵三角形。叶脉黄绿色，基出脉7条。不结零余子，不开花。鲜块茎皮色紫色，根毛少而粗，截面紫色，肉质粒状，维管束粗，不光滑。块茎长卵形，长度15～20cm，直径6～7cm，单株重0.50～0.60kg，易贮藏（图2-2）。富含花青素，口感紧实、粉糯。中抗炭疽病和褐腐病、高抗疫病和软腐病。适宜全程机械化作业，可在华中和华南地区的山药产区推广。

图2-2　苏蓣5号田间长势与块茎性状

3．产量表现

产量较高，平均亩产1 500kg。

4．栽培要点

（1）**整地施肥**　入冬前深翻冻垡。基肥施腐熟土杂肥2 000～3 000kg/亩、腐熟饼肥100～150kg/亩或山药专用型复混肥（江苏省农业科学院研制)500kg/亩。

（2）**起垄盖膜**　春节后开冻即可机械打垄，垄距80～100cm、垄高25～30cm，单垄单行种植。覆盖黑膜。

（3）**种薯处理**　播种前将种薯切成100g左右的种薯块，用22.5%啶氧菌酯悬浮剂和咪鲜胺1 000倍液浸种10min，晾干，用生石灰＋硫酸铜（10：1）或用代森锰锌粉剂拌种。

（4）**播种**　直播或催芽后播种，株距30～33cm，密度2 500～2 800株/亩。

（5）**田间管理**　甩蔓后，及时搭架引蔓，去除侧蔓，留1根主蔓。及时浇水或灌溉，保证土壤湿度。如遇雨季，及时疏通三沟。膨大期前后（苏南地区，7月下旬），应追施膨大肥。据苗势情况追肥，一般亩施45%硫酸钾复合肥25kg。

（6）**病虫害防治**　主要病害有炭疽病、黑斑病、软腐病、褐腐病、根结线虫病等，以炭疽病为主。苗期可用可杀得3000 1 000～1 500倍液喷雾保护，每隔15d左右喷1次。零星发病时，及时选用22.5%啶氧菌酯悬浮剂75%甲基托布津可湿性粉剂或25%咪鲜胺1 000～1 500倍液均匀喷雾。以上药剂最好轮换交替使用，每隔15d左右喷1次。虫害主要有叶峰和斜纹夜蛾，可用4.5%高效氯氟氰菊酯1 500 ～ 2 000倍液或20%氯虫苯甲酰胺悬浮剂3 000 ～ 6 000倍液防治，每隔15d左右喷1次。

（7）**采收与贮藏** 采收宜在下霜前进行。采收后要晾晒2 ～ 3d，最好采用窖藏和冷库贮藏。若无条件，可放在室内贮藏，温度控制在15 ～ 18℃，相对湿度为75% ～ 85%，注意不要受冻。

三、苏蓣6号

1.品种来源
江苏省农业科学院经济作物研究所以台州白山药为材料，经系统选育的山药新品种。

2.特征特性
苏蓣6号为晚熟品种，蔓长势强，右旋，棱形有翼。叶片较大，黄绿色，单叶，长卵三角形。叶脉黄绿色，基出脉7条。少结零余子，不开花。鲜块茎皮淡黄色，根毛少而粗，截面白色，肉质粒状，维管束粗，不光滑。块茎长卵形，长度10 ～ 15cm，直径7 ～ 8cm，单株重0.80 ～ 0.90kg，不易贮藏（图2-3）。支链淀粉含量高，口感甜、粉糯。高抗炭疽病、疫病和软腐病。适宜全程机械化作业，可在华中和华南地区的山药产区推广。

图2-3　苏蓣6号田间长势与块茎性状

3.产量表现

产量较高，平均亩产2 300kg。

4.栽培要点

（1）**整地施肥**　入冬前深翻冻垡。基肥施腐熟土杂肥2 000 ～ 3 000kg/亩、腐熟饼肥100 ～ 150kg/亩或山药专用型复混肥（江苏省农业科学院研制)500kg/亩。

（2）**起垄盖膜**　春节后开冻即可机械打垄，垄距80 ～ 100cm、垄高25 ～ 30cm，单垄单行种植。覆盖黑膜。

（3）**种薯处理**　播种前将种薯切成100g左右的种薯块，用22.5%啶氧菌酯悬浮剂和咪鲜胺1 000倍液浸种10min，晾干，用生石灰＋硫酸铜（10∶1）或用代森锰锌粉剂拌种。

（4）**播种**　直播或催芽后播种，株距30 ～ 33cm，密度2 500 ～ 2 800株/亩。

（5）**田间管理**　甩蔓后，及时搭架引蔓，去除侧蔓，留1根主蔓。及时浇水或灌溉，保证土壤湿度。如遇雨季，及时疏通三沟。膨大期前后（苏南地区，8月下旬），应追施膨大肥。据苗势情况追肥，一般亩施45%硫酸钾复合肥25kg。

（6）**病虫害防治**　主要病害有炭疽病、黑斑病、软腐病、褐腐病、根结线虫病等，以炭疽病零星发生为主。苗期可用可杀得3000 1 000 ～ 1 500倍液喷雾保护，每隔15d左右喷1次。零星发病时，及时选用22.5%啶氧菌酯悬浮剂、75%甲基托布津可湿性粉剂或25%咪鲜胺1 000 ～ 1 500倍液均匀喷雾。以上药剂最好轮换交替使用，每隔15d左右喷1次。虫害主要有叶峰和斜纹夜蛾，可用4.5%高效氯氟氰菊酯1 500 ～ 2 000倍液或20%氯虫苯甲酰胺悬浮剂3 000 ～ 6 000倍液防治，每隔15d左右喷1次。

（7）**采收与贮藏**　采收宜在下霜前进行。采收后要晾晒2 ～ 3d，最好采用窖藏和冷库贮藏。若无条件，可放在室内贮藏，温度控制在15 ～ 18℃，相对湿度为75%～ 85%，注意不要受冻。留种可用咪鲜胺350 ～ 400倍液或1%的壳聚糖处理山药块茎，减少块茎腐烂损失。

四、苏蓣7号

1.品种来源

江苏省农业科学院经济作物研究所以台州白山药为材料，经系统选育的山药新品种。

2.特征特性

苏蓣7号为晚熟品种，蔓长势强，右旋，棱形有翼。叶片较大，黄绿色，单叶，长卵三角形。叶脉黄绿色，基出脉7条。少结零余子，不开花。鲜块茎皮淡黄色，根毛少而粗，截面白色，肉质粒状，维管束粗，不光滑。块茎不规则，长度23～28cm，直径10～11cm，单株重0.90～1.00kg，较难贮藏（图2-4）。口感脆，适合清炒或加工。高抗炭疽病、疫病和软腐病。适宜全程机械化作业，可在华中和华南地区的山药产区推广。

图2-4　苏蓣7号田间长势与块茎性状

3. 产量表现

产量高，平均亩产2 500kg。

4. 栽培要点

（1）**整地施肥**　入冬前深翻冻垡。基肥施腐熟土杂肥2 000～3 000kg/亩、腐熟饼肥100～150kg/亩或山药专用型复混肥（江苏省农业科学院研制）500kg/亩。

（2）**起垄盖膜**　春节后开冻即可机械打垄，垄距80～100cm、垄高25～30cm，单垄单行种植。覆盖黑膜。

（3）**种薯处理**　播种前将种薯切成100g左右的种薯块，用22.5%啶氧菌酯悬浮剂和咪鲜胺1 000倍液浸种10min，晾干，用生石灰＋硫酸铜（10：1）或用代森锰锌粉剂拌种。

（4）**播种**　直播或催芽后播种，株距30～33cm，密度2 500～2 800株/亩。

（5）**田间管理**　甩蔓后，及时搭架引蔓，去除侧蔓，留1根主蔓。及时浇水或灌溉，保证土壤湿度。如遇雨季，及时疏通三沟。膨大期前后（苏南地区，8月下旬），应追施膨大肥。据苗势情况追肥，一般亩施45%硫酸钾复合肥25kg。

（6）**病虫害防治**　主要病害有炭疽病、黑斑病、软腐病、褐腐病、根结线虫病等，以炭疽病零星发生为主。苗期可用可杀得3000 1 000 ～ 1 500倍液喷雾保护，每隔15d左右喷1次。零星发病时，及时选用22.5%啶氧菌酯悬浮剂、75%甲基托布津可湿性粉剂或25%咪鲜胺1 000 ～ 1 500倍液均匀喷雾。以上药剂最好轮换交替使用，每隔15d左右喷1次。虫害主要有叶峰和斜纹夜蛾，可用4.5%高效氯氟氰菊酯1 500 ～ 2 000倍液或20%氯虫苯甲酰胺悬浮剂3 000 ～ 6 000倍液防治，每隔15d左右喷1次。

（7）**采收与贮藏**　采收宜在下霜前进行。采收后要晾晒2 ～ 3d，最好采用窖藏和冷库贮藏。若无条件，可放在室内贮藏，温度控制在15 ～ 18℃，相对湿度为75% ～ 85%，注意不要受冻。留种可用咪鲜胺350 ～ 400倍液或1%的壳聚糖处理山药块茎。减少块茎腐烂损失。

五、苏蓣8号

1. 品种来源

江苏省农业科学院经济作物研究所以品系024为材料，经组培诱变选育的山药新品种。

2. 特征特性

苏蓣8号为中晚熟品种，蔓长势旺，右旋，棱形有翼。叶片大，深绿色，单叶，阔心形。叶脉黄绿色，基出脉7条。少结零余子，不开花。鲜块茎皮色淡粉色，根毛少而粗，薯肉紫白相间，肉质粒状，维管束粗，不光滑。块茎长卵形，长度18 ～ 25cm，直径6 ～ 9cm，单株重1.00 ～ 1.10kg，较易贮藏（图2-5）。口感紧实，硬，适宜清炒或加工。高抗炭疽病和软腐病。适宜全程机械化作业，可在华中和华南地区的山药产区推广。

图2-5　苏蓣8号叶形与块茎性状

3.产量表现

产量高，平均亩产2 800kg。

4.栽培要点

（1）**整地施肥**　入冬前深翻冻垡。基肥施腐熟土杂肥2 000 ～ 3 000kg/亩、腐熟饼肥100 ～ 150kg/亩或山药专用型复混肥（江苏省农业科学院研制）500kg/亩。

（2）**起垄盖膜**　春节后开冻即可机械打垄，垄距80 ～ 100cm、垄高25 ～ 30cm，单垄单行种植。覆盖黑膜。

（3）**种薯处理**　播种前将种薯切成100g左右的种薯块，用25%嘧菌酯悬浮剂和咪鲜胺1 000倍液浸种10min，晾干，用生石灰＋硫酸铜（10∶1）或用代森锰锌粉剂拌种。

（4）**播种**　直播或催芽后播种，株距30 ～ 33cm，密度2 500 ～ 2 800株/亩。

（5）**田间管理**　甩蔓后，及时搭架引蔓，去除侧蔓，留1根主蔓。及时浇水或灌溉，保证土壤湿度。如遇雨季，及时疏通三沟。膨大期前后（苏南地区，7月下旬），应追施膨大肥。据苗势情况追肥，一般亩施45%硫酸钾复合肥25kg。

（6）**病虫害防治**　主要病害有炭疽病、黑斑病、软腐病、褐腐病、疫病和根结线虫病等，以炭疽病和疫病零星发生为主。苗期可用可杀得3000 1 000 ～ 1 500倍液喷雾保护，每隔15d左右喷1次。零星发病时，及时选用22.5%啶氧菌酯悬浮剂、10%增威赢绿1 000倍液或25%咪鲜胺1 000 ～ 1 500倍液均匀喷雾。以上药剂最好轮换交替使用，每隔15d左右喷1次。虫害主要有叶峰和斜纹夜蛾，可用4.5%高效氯氟氰菊酯1 500 ～ 2 000倍液或20%氯虫苯甲酰胺悬浮剂3 000 ～ 6 000倍液防治，每隔15d左右喷1次。

（7）**采收与贮藏**　采收宜下霜前进行。采收后要晾晒2 ～ 3d，最好采用窖藏和冷库贮藏。若无条件，可放在室内贮藏，温度控制在15 ～ 18℃，相对湿度为75%～ 85%，注意不要受冻。

六、品系21-1

1.品种来源

江苏省农业科学院经济作物研究所以"六月薯"为材料，经系统选育的新品系。

2.特征特性

品系21-1为早熟品系，蔓长势较强，右旋，近圆形。叶片中等大小，深绿色，单叶，戟形，中裂。叶脉黄绿色，基出脉7条，网脉明显。叶腋着生零余子，数量多，较小。雌花，结实，种子四周有膜翅，空瘪率低。鲜块茎皮色浅褐色，根毛多，截面白色，粒状，维管束较粗，不光滑。块茎圆柱形，长度80～100cm，直径3.5～4cm，单株重0.8～1.0kg，易贮藏（图2-6）。口感粉糯，具纤维感。高抗炭疽病、白涩病、黑斑病等。适宜浅生栽培，可在全国山药产区推广。

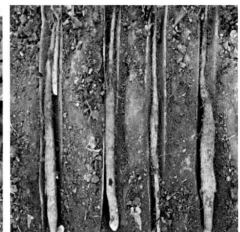

图2-6　品系21-1田间长势与块茎性状

3.产量表现

产量较高，平均亩产1 500kg。

4.栽培要点

（1）**整地施肥**　入冬前深翻冻垡。基肥施腐熟土杂肥2 000～3 000kg/亩、腐熟饼肥100～150kg/亩或山药专用型复混肥（江苏省农业科学院研制)500kg/亩。

（2）**起垄埋槽**　采用浅生栽培，春节后开冻即可机械起高垄或斜垄，使垄面与地面成30°或15°的夹角。顺斜坡埋设定向槽，槽长100cm，槽距20～25cm，槽内填充玉米秆，覆土10～15cm。槽顶不盖土，留作播种。高垄垄距280～300cm、垄高45～50cm，双行种植；斜垄垄距140～150cm、垄高20～25cm，单行种植。

（3）**种薯处理**　播种前将种薯切成100g（5～6cm）左右的种薯块，用22.5%啶氧菌酯悬浮剂和咪鲜胺1 000倍液浸种10min，晾干，用生石灰＋硫酸铜（10：1）或用代森锰锌粉剂拌种。

（4）**播种**　直播或催芽后播种，密度1 900～2 300株/亩。播种后，机械盖土，槽顶覆土5～6cm，斜坡面盖绒毡布或4～6cm玉米秆防草保湿。

（5）**田间管理** 甩蔓后，及时搭架引蔓。及时浇水或灌溉，保证土壤湿度。如遇雨季，及时疏通三沟。膨大中期（苏南地区，7月下旬），应追施膨大肥。据苗势情况追肥，一般亩施45%硫酸钾复合肥25kg。

（6）**病虫害防治** 主要病害有炭疽病、白涩病、疫病、枯萎病和根结线虫病等，以炭疽病零星发生为主。苗期可用可杀得3000 1000～1500倍液喷雾保护，每隔15d左右喷1次。零星发病时，及时选用22.5%啶氧菌酯悬浮剂、75%甲基托布津可湿性粉剂或25%咪鲜胺1000～1500倍液均匀喷雾。以上药剂最好轮换交替使用，每隔15d左右喷1次。虫害主要是斜纹夜蛾，可用4.5%高效氯氟氰菊酯1500～2000倍液或20%氯虫苯甲酰胺悬浮剂3000～6000倍液防治，每隔15d左右喷1次。

（7）**采收与贮藏** 可田间越冬贮藏。如需采收，采收后晾晒2～3d，放室内贮藏，注意不要受冻。

七、品系21-2

1. 品种来源

江苏省农业科学院经济作物研究所以六月薯为材料，经系统选育的新品系。

2. 特征特性

品系21-2为早熟品系，蔓长势较强，右旋，近圆形。叶片中等大小，深绿色，单叶，戟形，中裂。叶脉黄绿色，基出脉7条，网脉明显。叶腋着生零余子，数量少，小，雌花，结实，种子四周有膜翅，空瘪率低。鲜块茎皮色浅褐色，根毛多，截面白色，粒状，维管束较粗，不光滑。块茎圆柱形，长度80～100cm，直径4.5～5cm，单株重1.00～1.30kg，易贮藏（图2-7）。口感粉糯，具纤维感。高抗炭疽病、白涩病、黑斑病等。适宜浅生栽培，可在全国山药产区推广。

3. 产量表现

产量较高，平均亩产2000kg。

4. 栽培要点

（1）**整地施肥** 入冬前深翻冻垡。基肥施腐熟土杂肥2000～3000kg/亩、腐熟饼肥100～150kg/亩或山药专用型复混肥（江苏省农业科学院研制)500kg/亩。

（2）**起垄埋槽** 采用浅生栽培，春节后开冻即可机械起高垄或斜垄，使垄面与地面成30°或15°的夹角。顺斜坡埋设定向槽，槽长100cm，槽距

图 2-7　品系 21-2 田间长势与块茎性状

20 ～ 25cm，槽内填充玉米秆，覆土 10 ～ 15cm。槽顶不盖土，留作播种。高垄垄距 280 ～ 300cm、垄高 45 ～ 50cm，双行种植；斜垄垄距 140 ～ 150cm、垄高 20 ～ 25cm，单行种植。

（3）**种薯处理**　播种前将种薯切成 100g（5 ～ 6cm）左右的种薯块，用 22.5% 啶氧菌酯悬浮剂和咪鲜胺 1 000 倍液浸种 10min，晾干，用生石灰＋硫酸铜（10 ：1）或用代森锰锌粉剂拌种。

（4）**播种**　直播或催芽后播种，密度 1 900 ～ 2 300 株/亩。播种后，机械盖土，槽顶覆土 5 ～ 6cm，斜坡面盖绒毡布或 4 ～ 6cm 玉米秆防草保湿。

（5）**田间管理**　甩蔓后，及时搭架引蔓。及时浇水或灌溉，保证土壤湿度。如遇雨季，及时疏通三沟。膨大中期（苏南地区，7 月下旬），应追施膨大肥。据苗势情况追肥，一般亩施 45% 硫酸钾复合肥 25kg。

（6）**病虫害防治**　主要病害有炭疽病、白涩病、疫病、枯萎病和根结线虫病等，以炭疽病零星发生为主。苗期可用可杀得 3000 1 000 ～ 1 500 倍液喷雾保护，每隔 15d 左右喷 1 次。零星发病时，及时选用 22.5% 啶氧菌酯悬浮剂、75% 甲基托布津可湿性粉剂或 25% 咪鲜胺 1 000 ～ 1 500 倍液均匀喷雾。以上药剂最好轮换交替使用，每隔 15d 左右喷 1 次。虫害主要是斜纹夜蛾，可用 4.5% 高效氯氟氰菊酯 1 500 ～ 2 000 倍液或 20% 氯虫苯甲酰胺悬浮剂 3 000 ～ 6 000 倍液防治，每隔 15d 左右喷 1 次。

（7）**采收与贮藏**　可田间越冬贮藏。如需采收，采收后晾晒 2 ～ 3d，放室内贮藏，注意不要受冻。

八、双胞山药

1. 品种来源

江苏启东市地方品种。

2. 特征特性

双胞山药显著特点是单株可结两根山药，块茎连体，俗称"双胞"，双胞率70%～80%，偶有3胞，少数单胞。早熟品种，蔓长势较强，右旋，近圆形。叶片中等大小，深绿色，单叶，戟形，中裂。叶脉黄绿色，基出脉7条，网脉明显。叶腋着生零余子，雌雄异株，雌株花少，不结实。鲜块茎皮色淡黄色，根毛多，截面白色，粒状，维管束较粗，不光滑。块茎圆柱形，长度80～100cm，直径3～5cm，单株重1.00～1.20kg，易贮藏（图2-8）。口感粉糯。高抗炭疽病、白涩病、黑斑病等。

3. 产量表现

产量高，平均亩产2 500kg。

4. 栽培要点

（1）**整地施肥**　入冬前深翻冻垡。基肥施腐熟土杂肥2 000～3 000kg/亩、腐熟饼肥100～150kg/亩或山药专用型复混肥（江苏省农业科学院研制)500kg/亩。

图2-8　双胞山药田间长势、雌花与块茎性状

（2）**机械粉垄** 采用粉垄栽培，春节后开冻即可机械粉垄，在山药种植带形成松土槽和播种沟，松土槽深80～100cm。垄距85～100cm、垄高25～30cm，单垄单行种植。

（3）**种薯处理** 播种前将种薯切成100g（5～6cm）左右的种薯块，用22.5%啶氧菌酯悬浮剂和咪鲜胺1 000倍液浸种10min，晾干，用生石灰＋硫酸铜（10∶1）或用代森锰锌粉剂拌种。

（4）**播种** 直播或催芽后播种，株距25～30cm，密度2 000～2 500株/亩。播种于播种沟后覆土盖膜。

（5）**田间管理** 甩蔓后，及时搭架引蔓。及时浇水或灌溉，保证土壤湿度。如遇雨季，及时疏通三沟。膨大中期（苏南地区，7月下旬），应追施膨大肥。据苗势情况追肥，一般亩施45%硫酸钾复合肥25kg。

（6）**病虫害防治** 主要病害有炭疽病、枯萎病、疫病、根结线虫病等，以炭疽病零星发生为主。苗期可用可杀得3000 1 000～1 500倍液喷雾保护，每隔15d左右喷1次。零星发病时，及时选用22.5%啶氧菌酯悬浮剂、75%甲基托布津可湿性粉剂或25%咪鲜胺1 000～1 500倍液均匀喷雾。以上药剂最好轮换交替使用，每隔15d左右喷1次。虫害主要是斜纹夜蛾，可用4.5%高效氯氟氰菊酯1 500～2 000倍液或20%氯虫苯甲酰胺悬浮剂3 000～6 000倍液防治，每隔15d左右喷1次。

（7）**采收与贮藏** 可田间越冬贮藏。如需采收，采收后晾晒2～3d，放室内贮藏，注意不要受冻。

九、日本白山药

1.品种来源
江苏沛县、丰县地方品种。

2.特征特性
日本白山药为早熟品种，蔓长势较强，右旋，近圆形。叶片较小，绿色，单叶，戟形，中裂，有蜡质分布。叶脉黄绿色，基出脉7条。叶腋着生零余子，多见雄株，不结实。鲜块茎皮色淡黄色，根毛多，截面白色，粒状，维管束粗，不光滑。块茎圆柱形，长度80～100cm，直径3～6cm，单株重0.80～1.00kg，易贮藏（图2-9）。口感粉糯，具纤维感。抗病性较差。

3、产量表现
产量高，平均亩产3 000kg。

图2-9　日本白山药田间长势、雄花与块茎性状

4.栽培要点

（1）**整地施肥**　入冬前深翻冻垡。基肥施腐熟土杂肥2 000 ～ 3 000kg/亩、腐熟饼肥100 ～ 150kg/亩或山药专用型复混肥（江苏省农业科学院研制）500kg/亩。

（2）**机械粉垄**　采用粉垄栽培，春节后开冻即可机械粉垄，在山药种植带形成松土槽和播种沟，松土槽深80 ～ 100cm。垄距80 ～ 100cm、垄高25 ～ 30cm，单垄单行种植。

（3）**种薯处理**　播种前将种薯切成100g（5 ～ 6cm）左右的种薯块，用22.5%啶氧菌酯悬浮剂和咪鲜胺1 000倍液浸种10min，晾干，用生石灰＋硫酸铜（10 ∶ 1）或用代森锰锌粉剂拌种。

（4）**播种**　直播或催芽后播种，株距20 ～ 25cm，密度3 000 ～ 3 500株/亩。播种于播种沟后覆土盖膜。

（5）**田间管理**　甩蔓后，及时搭架引蔓。及时浇水或灌溉，保证土壤湿度。如遇雨季，及时疏通三沟。膨大中期（苏南地区，7月下旬），应追施膨大肥。据苗势情况追肥，一般亩施45%硫酸钾复合肥25kg。

（6）**病虫害防治**　主要病害有炭疽病、枯萎病、白涩病和根结线虫病等，以白涩病为主。苗期可用可杀得3000 1 000 ～ 1 500倍液喷雾保护，每隔15d

左右喷1次。零星发病时，及时选用75%甲基托布津可湿性粉剂1 000 ～ 1 500倍液或50%福美双粉剂500 ～ 600倍液均匀喷雾。以上药剂最好轮换交替使用，每隔15d左右喷1次。虫害主要是斜纹夜蛾，可用4.5%高效氯氟氰菊酯1 500 ～ 2 000倍液或20%氯虫苯甲酰胺悬浮剂3 000 ～ 6 000倍液防治，每隔15d左右喷1次。

（7）**采收与贮藏**　可田间越冬贮藏。如需采收，采收后晾晒2 ～ 3d，放室内贮藏，注意不要受冻。

十、丰县铁棍山药

1. 品种来源
江苏沛县、丰县地方品种。

2. 特征特性
丰县铁棍山药为早熟品种，蔓长势一般，右旋，绿色，近圆形。叶片小，灰绿色，单叶，戟形，浅裂。叶脉黄绿色，基出脉7条。叶腋着生零余子，较小，多见雌株，结实，种子四周有膜翅，空瘪率低。鲜块茎皮色淡黄色，有紫斑，根毛细而密，截面白色，肉质光滑细腻。块茎圆柱形，长度80 ～ 100cm，直径2 ～ 3cm，单株重0.20 ～ 0.60kg，易贮藏（图2-10）。口感紧实、粉、干腻。高抗炭疽病、白涩病等。

3. 产量表现
产量低，平均亩产1 000kg。

（1）**整地施肥**　入冬前深翻冻垡。基肥施腐熟土杂肥2 000 ～ 3 000kg/亩、腐熟饼肥100 ～ 150kg/亩或山药专用型复混肥（江苏省农业科学院研制）500kg/亩。

（2）**机械粉垄**　采用粉垄栽培，春节后开冻即可机械粉垄，在山药种植带形成松土槽和播种沟，松土槽深100 ～ 120cm。垄距80 ～ 100cm、垄高25 ～ 30cm，单垄单行种植。

（3）**种薯处理**　播种前将种薯切成60g左右的种薯块或选用100 ～ 200g山药龙头，用22.5%啶氧菌酯悬浮剂和咪鲜胺1 000倍液浸种10min，晾干，用生石灰＋硫酸铜（10∶1）或用代森锰锌粉剂拌种。

（4）**播种**　直播或催芽后播种，株距20 ～ 25cm，密度3 000 ～ 3 500株/亩。播种于播种沟后覆土盖膜。

（5）**田间管理**　甩蔓后，及时搭架引蔓。及时浇水或灌溉，保证土壤湿度。如遇雨季，及时疏通三沟。膨大中期（苏南地区，7月下旬），应追施膨大肥。

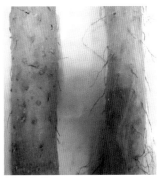
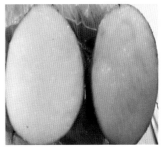

图2-10　丰县铁棍山药田间长势与块茎性状

据苗势情况追肥，一般亩施45%硫酸钾复合肥25kg。

（6）**病虫害防治**　主要病害有炭疽病、黑斑病、枯萎病、根结线虫病等，以炭疽病和黑斑病为主。苗期可用可杀得3000 1 000 ～ 1 500倍液喷雾保护，每隔15d左右喷1次。零星发病时，及时选用22.5%啶氧菌酯悬浮剂、75%甲基托布津可湿性粉剂或25%咪鲜胺1 000 ～ 1 500倍液均匀喷雾。以上药剂最好轮换交替使用，每隔15d左右喷1次。虫害主要是斜纹夜蛾，可用4.5%高效氯氟氰菊酯1 500 ～ 2 000倍液或20%氯虫苯甲酰胺悬浮剂3 000 ～ 6 000倍液防治，每隔15d左右喷1次。

（7）**采收与贮藏**　可田间越冬贮藏。如需采收，采收后晾晒2 ～ 3d，放室内贮藏，注意不要受冻。

十一、水山药

1. 品种来源
江苏沛县、丰县地方品种。

2. 特征特性
水山药为早熟品种，蔓长势一般，右旋，绿色，近圆形。叶片小，绿色，单叶，戟形，深裂。叶脉黄绿色，基出脉7条。不结零余子，雌株，结实，种子四周有膜翅，空瘪率高。鲜块茎皮色浅黄色，根毛细而密，截面白色，肉质粒状，维管束粗，不光滑。块茎圆柱形，长度80～100cm，直径4～6cm，单株重0.8～1.00kg，不易贮藏（图2-11）。含水量高，口感脆，适合清炒。抗病性好，高抗炭疽病、白涩病、黑斑病等。

图2-11 水山药田间叶形、蒴果与块茎性状

3.产量表现

产量高，平均亩产3 000kg。

（1）**整地施肥** 入冬前深翻冻垡。基肥施腐熟土杂肥2 000～3 000kg/亩、腐熟饼肥100～150kg/亩或山药专用型复混肥（江苏省农业科学院研制）500kg/亩。

（2）**机械粉垄** 采用粉垄栽培，春节后开冻即可机械粉垄，在山药种植带形成松土槽和播种沟，松土槽深80～100cm。垄距100～120cm、垄高25～30cm，单垄单行种植。

（3）**种薯处理** 播种前将种薯切成200～300g的种薯块或选用100～200g山药龙头，用22.5%啶氧菌酯悬浮剂和咪鲜胺1 000倍液浸种10min，晾干，用生石灰＋硫酸铜（10∶1）或用代森锰锌粉剂拌种。

（4）**播种** 直播或催芽后播种，株距20～25cm，密度3 000～3 500株/亩。播种于播种沟后覆土盖膜。

（5）**田间管理** 甩蔓后，及时搭架引蔓。及时浇水或灌溉，保证土壤湿度。如遇雨季，及时疏通三沟。膨大中期（苏南地区，7月下旬），应追施膨大肥。据苗势情况追肥，一般亩施45%硫酸钾复合肥25kg。

（6）**病虫害防治** 主要病害有炭疽病、枯萎病、白涩病、根结线虫病等，以炭疽病零星发生为主。苗期可用可杀得3000 1 000～1 500倍液喷雾保护，每隔15d左右喷1次。零星发病时，及时选用22.5%啶氧菌酯悬浮剂、75%甲基托布津可湿性粉剂或25%咪鲜胺1 000～1 500倍液均匀喷雾。以上药剂最好轮换交替使用，每隔15d左右喷1次。虫害主要是斜纹夜蛾，可用4.5%高效氯氟氰菊酯1 500 ～ 2 000倍液或20%氯虫苯甲酰胺悬浮剂3 000 ～ 6 000倍液防治，每隔15d左右喷1次。

（7）**采收与贮藏**　可田间越冬贮藏。如需采收，采收后晾晒2 ～ 3d，最好采用窖藏和冷库贮藏。若无条件，可放在室内贮藏，温度控制在15 ～ 18℃，相对湿度为75% ～ 85%，注意不要受冻。

十二、梅岱山药

1. 品种来源
江苏泰兴地方品种。

2. 特征特性
梅岱山药为早熟品种，蔓长势较强，右旋，近圆形。叶片中等大小，黄绿色，单叶，戟形，浅裂。叶脉黄绿色，基出脉7条。叶腋着生结零余子，雌株异株，不结实。鲜块茎皮色淡黄色，根毛细而密，截面白色，肉质粒状，维管束较粗，不光滑。块茎圆柱形，长度80 ～ 100cm，直径3 ～ 5cm，单株重0.8 ～ 1.00kg，易贮藏（图2-12）。口感粉糯。抗病性好，高抗炭疽病、白涩病、黑斑病等。

3. 产量表现
产量较高，平均亩产2 000kg。

4. 栽培要点
（1）**整地施肥**　入冬前深翻冻垡。基肥施腐熟土杂肥2 000 ～ 3 000kg/亩、

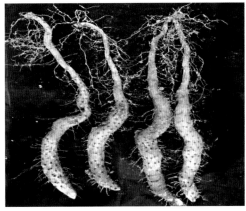

图2-12　梅岱山药田间长势与块茎性状

腐熟饼肥100～150kg/亩或山药专用型复混肥（江苏省农业科学院研制）500kg/亩。

（2）**机械粉垄** 采用粉垄栽培，春节后开冻即可机械粉垄，在山药种植带形成松土槽和播种沟，松土槽深80～100cm。垄距80～100cm、垄高25～30cm，单垄单行种植。

（3）**种薯处理** 播种前将种薯切成100g（5～6cm）左右的种薯块，用22.5%啶氧菌酯悬浮剂和咪鲜胺1 000倍液浸种10min，晾干，用生石灰＋硫酸铜（10：1）或用代森锰锌粉剂拌种。

（4）**播种** 直播或催芽后播种，株距25～30cm，密度2 000～2 500株/亩。播种于播种沟后覆土盖膜。

（5）**田间管理** 甩蔓后，及时搭架引蔓。及时浇水或灌溉，保证土壤湿度。如遇雨季，及时疏通三沟。膨大中期（苏南地区，7月下旬），应追施膨大肥。据苗势情况追肥，一般亩施45%硫酸钾复合肥25kg。

（6）**病虫害防治** 主要病害有炭疽病、枯萎病、白涩病、根结线虫病等，以炭疽病零星发生为主。苗期可用可杀得3000 1 000～1 500倍液喷雾保护，每隔15d左右喷1次。零星发病时，及时选用22.5%啶氧菌酯悬浮剂、75%甲基托布津可湿性粉剂或25%咪鲜胺1 000～1 500倍液均匀喷雾。以上药剂最好轮换交替使用，每隔15d左右喷1次。虫害主要是斜纹夜蛾，可用4.5%高效氯氟氰菊酯1 500～2 000倍液或20%氯虫苯甲酰胺悬浮剂3 000～6 000倍液防治，每隔15d左右喷1次。

（7）**采收与贮藏** 可田间越冬贮藏。如需采收，采收后晾晒2～3d，放在室内贮藏，注意不要受冻。

十三、苏北淮山药

1.品种来源
江苏灌南地方品种。

2.特征特性
苏北淮山药为早熟品种，蔓长势较强，右旋，近圆形。叶片中等大小，绿色，单叶，戟形，浅裂。叶脉黄绿色，基出脉7条。叶腋着生结零余子，雌雄异株，多见雄株，不结实。鲜块茎皮色浅褐色，根毛多，截面白色，肉质粒状，维管束较粗，不光滑。块茎圆柱形，长度80～100cm，直径4～6cm，单株重0.8～1.00kg，易贮藏（图2-13）。口感脆、粉糯。抗病性好，高抗炭疽病、白涩病、黑斑病等。

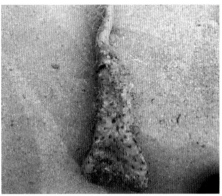

图2-13　苏北淮山药田间长势与块茎性状

3. 产量表现

产量高，平均亩产2 000kg。

4. 栽培要点

（1）**整地施肥**　入冬前深翻冻垡。基肥施腐熟土杂肥2 000 ～ 3 000kg/亩、腐熟饼肥100 ～ 150kg/亩或山药专用型复混肥（江苏省农业科学院研制）500kg/亩。

（2）**机械粉垄**　采用粉垄栽培，春节后开冻即可机械粉垄，在山药种植带形成松土槽和播种沟，松土槽深80 ～ 100cm。垄距80 ～ 100cm、垄高25 ～ 30cm，单垄单行种植。

（3）**种薯处理**　播种前将种薯切成100g（5 ～ 6cm）左右的种薯块，用22.5%啶氧菌酯悬浮剂和咪鲜胺1 000倍液浸种10min，晾干，用生石灰＋硫酸铜（10 : 1）或用代森锰锌粉剂拌种。

（4）**播种**　直播或催芽后播种，株距25 ～ 30cm，密度2 000 ～ 2 500株/亩。播种于播种沟后覆土盖膜。

（5）**田间管理**　甩蔓后，及时搭架引蔓。及时浇水或灌溉，保证土壤湿度。如遇雨季，及时疏通三沟。膨大中期（苏南地区，7月下旬），应追施膨大肥。据苗势情况追肥，一般亩施45%硫酸钾复合肥25kg。

（6）**病虫害防治**　主要病害有炭疽病、枯萎病、白涩病、根结线虫病等，以炭疽病零星发生为主。苗期可用可杀得3000 1 000 ～ 1 500倍液喷雾保护，每隔15d左右喷1次。零星发病时，及时选用22.5%啶氧菌酯悬浮剂、75%甲基托布津可湿性粉剂或25%咪鲜胺1 000 ～ 1 500倍液均匀喷雾。以上药剂最好轮换交替使用，每隔15d左右喷1次。虫害主要是斜纹夜蛾，可用4.5%高效氯氟氰菊酯1 500 ～ 2 000倍液或20%氯虫苯甲酰胺悬浮剂3 000 ～ 6 000倍液防治，每隔15d左右喷1次。

（7）**采收与贮藏** 可田间越冬贮藏。如需采收，采收后晾晒2～3d，放在室内贮藏，注意不要受冻。

十四、黄独

1. 品种来源
江苏金湖县地方品种。

2. 特征特性
黄独为药用品种，中晚熟。蔓长势旺，左旋，绿色稍带紫红色，近圆形。叶片大，黄绿色，单叶，心形。叶脉黄绿色，基出脉7条。叶腋着生零余子，零余子大，百粒重243g，不开花。鲜块茎皮深褐色，表皮密布根毛，根毛粗，截面黄色，肉质光滑。块茎近圆形或梨形，长度8～9cm，直径7～8cm，单株重0.08～0.10kg，易贮藏（图2-14）。抗病性好，高抗炭疽病、白涩病、黑斑病、软腐病等。

3. 产量表现
产量低，平均亩产250kg。

图2-14 黄独田间长势、零余子与块茎性状

4.栽培要点

（1）**整地施肥**　入冬前深翻冻垡。基肥施腐熟土杂肥2 000～3 000kg/亩、腐熟饼肥100～150kg/亩或山药专用型复混肥（江苏省农业科学院研制)500kg/亩。

（2）**起垄盖膜**　春节后开冻即可机械打垄，垄距80～100cm、垄高25～30cm，单垄单行种植。覆盖黑膜。

（3）**种薯处理**　选用大零余子或球茎，用22.5%啶氧菌酯悬浮剂和咪鲜胺1 000倍液浸种10min，晾干，用生石灰＋硫酸铜（10∶1）或用代森锰锌粉剂拌种。

（4）**播种**　直播，株距30～33cm，密度2 500～2 800株/亩。

（5）**田间管理**　甩蔓后，及时搭架引蔓。及时浇水或灌溉，保证土壤湿度。如遇雨季，及时疏通三沟。膨大期前后（苏南地区，8月下旬），应追施膨大肥。据苗势情况追肥，一般亩施45%硫酸钾复合肥25kg。

（6）**病虫害防治**　暂未发现病害发生。可用可杀得3000 1 000～1 500倍液喷雾保护，每隔15d左右喷1次。虫害主要有斜纹夜蛾，可用4.5%高效氯氟氰菊酯1 500～2 000倍液或20%氯虫苯甲酰胺悬浮剂3 000～6 000倍液防治，每隔15d左右喷1次。

（7）**采收与贮藏**　可田间越冬贮藏。如需采收，采收后晾晒2～3d，放室内贮藏，注意不要受冻。

单位：江苏省农业科学院经济作物研究所
主要编写人员：韩晓勇、殷剑美、张培通、王立、金林、郭文琦、蒋璐

第三章
广西山药品种介绍及栽培方法

一、那淮1号

1.品种来源

广西农业科学院经济作物研究所利用南宁市邕宁区那楼镇地方品种经系统选育而成。2016年通过广西农作物品种审定委员会审定。

2.品种特征特性

那淮1号属晚熟淮山药品种，生育期220d，为一年生或多年生缠绕性藤本。茎右旋，圆棱形，主茎长4～6m，幼苗时期主茎为紫红色；成株期主茎颜色分化，茎基部颜色较深、紫色，有小刺，中部绿色。叶片革质，多为长三角形至心形，边缘全缘，叶色深绿，叶表光滑，有光泽；叶脉网状，大脉数7条，从叶背看呈紫红色，中间叶脉颜色最深，两侧渐浅；叶柄基部为紫红色；茎基部叶互生，中、上部及分枝多为对生。叶腋着生有零余子，形状不一，卵圆形至长棒形均有，重量10～30g，表面棕褐色，粗糙有龟痕。

块茎长圆柱形，长80～100cm，径5～8cm；肉质洁白细腻、切口不易变褐，具有特殊的粉、香口感等突出特点，适合食用及药材加工。新鲜块茎淀粉含量25%～28%、蛋白质含量3.30%、水分含量65%～68%、氨基酸酸总量0.24%、可溶性糖含量0.42%、总皂苷含量0.46%。

3.产量表现

该品种适应性强，产量高，平均亩产量为2 400kg，高产的在3 000kg以上。

4.栽培技术要点

（1）**选地整地**　选择前茬为非薯类作物、排灌方便、土质疏松、肥力中上等的沙壤土或黄壤土地块。种植前深耕犁晒、平整。

（2）**种薯选择及处理**　选择优质脱毒种薯或零余子复壮种薯、无病健康块茎或较大零余子作种。播前20d左右备足种薯，晒种2d。将种薯切成长5cm、重80～100g的种薯块，种薯块用多菌灵药剂浸种后晾干，集中催芽10～15d，待新芽破口后播种；重量大于20g的健康零余子可直接作种。

（3）**重施有机肥，适时播种**　播前亩施充分腐熟农家肥1 000kg，45%硫酸钾复合肥30～50kg作底肥，施肥后深耕细耙；或起垄后每亩沟施腐熟生物有机肥200～400kg、45%硫酸钾复合肥50～60kg。传统种植时间为3月下旬至5月中旬，反季栽培可在7月种植。

（4）**种植方法和密度**

①粉垄栽培：播前进行机械粉垄，垄面宽30cm左右，垄距1.0～1.4m，沟

深0.8～1.2m，株距25～30cm，种植密度1 200～1 500株/亩。播种后覆盖黑色地膜，并做好田间灌排沟系疏通。

②定向栽培：整地作畦，平地、旱地做成面宽1.0～1.2m，沟宽30～40cm，沟深20cm左右的畦；丘陵缓坡地区沿坡面等高线做畦，畦面宽1.2～1.6m。用淮山药定向开槽机开槽沟，沟距30～35cm，斜度15°～20°，铺设塑料定向槽或硬质塑料片，槽内放置稻草、菇渣等填充材料。畦面上和定向槽内覆土厚度10～15cm，顶部预留播种穴。覆土后畦面覆盖黑地膜、土工布等，并做好田间灌排沟系疏通，种植密度800～1 200株。

（5）**田间管理** 出苗后及时搭架或无架栽培引蔓，中耕除草；苗期保持土壤湿润；生长前期植株长势弱时可追施尿素5～10kg/亩；生长盛期可追施复合肥20～30kg/亩；块茎膨大期需重施攻薯肥，亩施硫酸钾复合肥20kg。该时期要保持土壤湿润、疏松，以利于块茎伸长、膨大。注意定期检查疏通田间排灌沟系，雨季注意要及时排尽田间积水。

（6）**病虫害防治** 病虫害有炭疽病、褐斑病、斜纹夜蛾、叶蜂等。按照"预防为主，综合防治"的植保方针，结合田间管理，及时防治。

（7）**适时收获** 收获期一般为12月下旬至翌年3月。采收应选择晴朗天气进行，采收时应轻拿轻放，避免机械损伤（图3-1）。

图3-1 那淮1号

二、桂淮2号

1.品种来源
由广西农业科学院经济农作物研究所通过系统选育地方品种资源而成。

2004年通过广西农作物品种审定委员会审定。

2．品种特征特性

桂淮2号属中晚熟品种，生育期210～240d。茎右旋，圆棱形，主茎长4～5m，基部有刺，紫色，幼嫩时为紫红色。叶片多呈卵状三角形至阔卵形，先端渐尖，基部深心形，边缘全缘；叶色深绿色，叶表面光滑有光泽，蜡质层明显；叶脉网状，基出脉数7条，呈紫红色，中间叶脉颜色最深，两侧渐浅；叶柄基部及与叶脉相连部分均为紫红色；下部叶互生、中上部及分枝叶多为对生，少数互生。叶腋着生1～3个零余子，表皮棕褐色，粗糙有龟痕；形状长度不一、大小不等，长的可达3cm以上，重的可达10g以上（图3-2）。

图3-2　桂淮2号

块茎长圆柱形，长50～100cm，径4～6cm，单株块茎重0.8～1.5kg；表皮棕褐色，块茎根毛较少，主要集中在头部；芦头细长，长15～20cm；断面白色，肉质细腻。

新鲜块茎淀粉含量在20%以上，粗蛋白含量2.43%，氨基酸总量1.52%，总皂苷含量0.15%，可溶性总糖含量0.38%，粗脂肪含量0.06%，铁、锌、铜的含量分别为3.12mg/kg、2.16mg/kg、1.68mg/kg。

3．产量表现

产量较高，平均亩产为2 000kg。

4．栽培技术要点

（1）选地整地　选择前茬为非薯类作物、排灌方便、土质疏松、肥力中上等的沙壤土或黄壤土地块。种植前深耕犁晒、粉碎平整。

（2）种薯选择及处理　选择无病虫的块茎作种薯，重量大于20g的健康零余子可直接作种；种薯按5cm切段，切成重80～100g的种薯块，种薯块用多菌灵药剂浸种后晾干，然后催芽，待新芽破口后播种。

（3）重施有机肥　播前亩施充分腐熟农家肥1t，45%硫酸钾复合肥30～50kg作底肥，施肥后深耕细耙；或起垄后每亩沟施腐熟有机肥200～400kg、

45%硫酸钾复合肥50～60kg。统种植时间为3月下旬至4月下旬，反季栽培为7月中旬至8月上旬。

（4）**种植方法和密度**　旱地、坡地按垄距1.0～1.4m，沟深0.8～1.2m进行机械开沟粉垄；水田沙壤地按1.1～1.3m行距深挖沟，或机械打洞；畦沟上做高垄，在垄上按株距25～30cm，打直径3～5cm、深90～100cm的洞，用细沙或稻草、菇渣等填充物灌满并做好记号，播种时种薯块对准洞口。适宜播种季节4—5月，反季在6—7月，每亩种植1 200～1 500株。

（5）**肥水管理**

出苗后及时搭架引蔓和中耕除草；生长前期植株长势弱时可追施尿素5～10kg/亩；生长盛期可追施复合肥20～30kg/亩；块茎膨大期需重施攻薯肥，亩施硫酸钾复合肥20kg，要保持土壤湿润、疏松，以利于块茎伸长、膨大。注意定期检查疏通田间排灌沟系，雨季注意要及时排尽田间积水。

（6）**病虫害防治**　病虫害有炭疽病、褐斑病、斜纹夜蛾、叶蜂等。按照"预防为主，综合防治"的植保方针，结合田间管理，及时防治。

三、桂淮5号

1.品种来源
由广西农业科学院经济作物研究所选育。2004年通过广西农作物品种审定委员会审定。

2.品种特征特性
桂淮5号属早熟品种，生育期在150～180d。茎右旋，四棱形，茎翅明显，无刺，绿色，主茎长3.0～4.5m。叶片宽大，阔心形，基部呈深心形，先端急尖，叶色浅绿，平滑，较薄，蜡质层不明显，无光泽；网状叶脉，基出脉数7～9条；叶脉、叶柄均不带紫色；叶序，下部互生，中上部及分枝多为对生，少数互生。不结零余子。

块茎长圆柱形，长70.0～90.0cm，径4.0～6.0cm；块茎基部根毛较多，顶部根毛较少；皮光滑，淡白褐色；块茎断面较粗糙，肉质呈白色或米黄色（图3-3）。

块茎鲜样淀粉含量18.13%，粗蛋白含量3.03%，氨基酸总量1.86%，总皂苷含量0.14%，可溶性总糖含量0.68%，粗脂肪含量0.1%，锌和铁含量分别为4.65mg/kg和4.31mg/kg；铜含量为1.56mg/kg。

3.产量表现
平均亩产1 800kg。

4.栽培技术要点

（1）**选地** 选择前茬未种植薯类作物、地势较高、排灌方便、土层深厚的沙质土壤或疏松黄壤土。

（2）**种薯选择及处理** 选择无病虫的块茎作种薯，按5～7cm切段，种薯块较大的可以再纵切成两块。用多菌灵药剂浸种5～10min，捞出晾干，统一催芽，待新芽破口后播种。

图3-3　桂淮5号

（3）**种植方法和密度**

①粉垄栽培：播前机械粉垄，垄面宽30cm左右，垄距1.0～1.5m，沟深0.8～1.2m，株距30cm，每亩种植1 200～1 500株。播种后覆盖黑色地膜，并做好田间灌排沟系疏通。

②打洞栽培：按1.2m行距，采用钻孔机打孔种植。按块茎粗度选择孔径，孔距30cm，孔深0.8～1.0m。孔洞周边施基肥，洞中填充稻草、椰糠、木糠等。沿播种行起垄，垄高20～30cm，预留播种穴。每亩种植1 800株左右。

适宜播种季节3月上旬至4月中旬。

（4）**肥水管理** 每亩用腐熟的农家肥1 000kg或生物有机肥300～500kg，45%硫酸钾复合肥50～60kg、过磷酸钙25kg作基肥。出苗后，田间巡查破苗、补缺，及时搭架引蔓；生长中期适当中耕除草，苗高10cm时，每亩施尿素5～10kg促苗快速生长；生长中期结合除草、培土，每亩追施硫酸钾复合肥10～20kg；块茎膨大盛期施硫酸钾复合肥20kg/亩。整个生长期保持土壤湿润。

（5）**病虫害防控**

病虫害有炭疽病、褐斑病、斜纹夜蛾、叶蜂等。按照"预防为主，综合防治"的植保方针，结合田间管理，及时防治。

四、桂淮6号

1.品种来源

由广西农业科学院经济作物研究所从地方品种资源系统选育而来。于2004年通过广西农作物品种审定委员会审定。

2. 品种特征特性

桂淮6号属早熟品种，生育期170～190d。

茎右旋，四棱形，茎翅明显，无刺，不带紫色。叶片阔心形、宽大，基部呈深心形，叶色浅绿，平滑较薄，蜡质层不明显；网状叶脉，基出脉数7～9条；叶柄两端带紫红色；叶序下部互生、中上部及分枝多为对生，少数互生；叶腹间不长或少长零余子（图3-4）。

块茎长圆柱形，长70～90cm，径4～7cm；块茎基部根毛较多，底部根毛少；皮鲜红色，光滑，见光后变褐；块茎断面白色（图3-5）。

图3-4　桂淮6号幼苗　　　　　　　　　图3-5　桂淮6号

块茎淀粉含量14.95%，粗蛋白含量2.37%，氨基酸总量1.66%，总皂苷含量0.15%，可溶性总糖含量2.63%，粗脂肪含量0.06%；锌、铁含量分别为4.28mg/kg和2.54mg/kg。

3. 产量表现

一般亩产为1 900kg，高产的在2 500kg以上。

（1）**选地**　选择前茬未种植薯类作物、地势较高、排灌方便、土层深厚的沙质土壤或疏松黄壤土。

（2）**种薯选择及处理**　选择无病虫的块茎作种薯，按5～7cm切段，块茎较大的可以再纵切成两块，用多菌灵药剂浸种5～10min，捞出晾干，统一催芽，待新芽破口后播种。

（3）**种植方法和密度**　粉垄栽培：播前机械粉垄，垄面宽30cm左右，垄距1.0～1.5m，沟深0.8～1.2m，株距30cm，每亩种植1 200～1 500株。播种后覆盖黑色地膜，并做好田间灌排沟系疏通。

适宜播种季节3月上旬至4月中旬。

（4）**肥水管理**　每亩用腐熟的农家肥1 000kg或生物有机肥300～500kg，45%硫酸钾复合肥50～60kg、过磷酸钙25kg作基肥。出苗后，田间巡查破苗、补缺，及时搭架引蔓；生长中期适当中耕除草，苗高10cm时，每亩施尿素5～10kg促苗快速生长；生长中期结合除草、培土每亩追施硫酸钾复合肥10～20kg；块茎膨大盛期，施硫酸钾复合肥20kg/亩。整个生长期保持土壤湿润。

（5）**病虫害防控**　病虫害有炭疽病、褐斑病、斜纹夜蛾、叶蜂等。按照"预防为主，综合防治"的植保方针，结合田间管理，及时防治。

五、桂淮7号

1. 品种来源

广西农业科学院经济作物研究所利用桂淮6号自然变异株系统选育而成。于2012年通过广西农作物品种委员会审定。

2. 品种特征特性

桂淮7号为中熟品种，生育期为200d。一年生或多年生缠绕性藤本作物。茎右旋，四棱形，棱翼较短，主茎粗。叶片阔心形或箭形，基部箭形，先端锐尖，叶色绿色；网状叶脉，主脉7条；叶序以对生为主，基部有少数互生；叶腋间不长或少长零余子。零余子个头较大，重10～30g。

块茎长圆柱形，长80～100cm，径6～8cm，皮光滑，须根少，皮褐白色，肉白色。

新鲜块茎淀粉含量20.8%，蛋白质含量3.1%，氨基酸总量为2.24%，铁、锌、铜含量分别为2.19mg/kg、3.61mg/kg、2.66mg/kg。

3. 产量表现

平均亩产2 200kg，高产的在3 000kg以上。

4. 栽培技术要点

（1）**选地**　选择前茬未种植薯类作物、地势较高、排灌方便、土层深厚的沙质土壤或疏松黄壤土。

（2）**种薯选择及处理**　选择无病虫的块茎作种薯，按5～7cm切段，块茎较大的可以再纵切成两块，用多菌灵药剂浸种5～10min，捞出晾干，统一催芽，待新芽破口后播种。

（3）**种植方法和密度**　粉垄栽培：播前机械粉垄，垄面宽30cm左右，垄距1.0～1.5m，沟深0.8～1.2m，株距30cm，每亩种植1 200～1 500株。播种后覆盖黑色地膜，并做好田间灌排沟系疏通。

适宜播种季节3月上旬至4月中旬。

（4）**肥水管理**　每亩用腐熟的农家肥1 000kg或生物有机肥300～500kg，45%硫酸钾复合肥50～60kg、过磷酸钙25kg作基肥。出苗后，田间巡查破苗、补缺，及时搭架引蔓；生长中期适当中耕除草，苗高10cm时，每亩施尿素5~10kg促苗快速生长；生长中期结合除草、培土，每亩追施硫酸钾复合肥10~20kg；块茎膨大盛期，施硫酸钾复合肥20kg/亩。整个生长期保持土壤湿润。

（5）**病虫害防控** 病虫害有炭疽病、褐斑病、斜纹夜蛾、叶蜂等。按照"预防为主，综合防治"的植保方针，结合田间管理，及时防治。

六、淮山药主要栽培技术

（一）淮山药粉垄栽培技术

淮山药结薯对土壤条件的要求比较严格。淮山药种植一般需要保持土壤疏松细碎，保证土壤湿润需要的持水量，淮山药才能正常的伸长和膨大增粗生长，容易获得高产量及高商品率。淮山药粉垄栽培技术，主要原理就是按照淮山药生长对土壤环境的要求，利用专用机械螺旋形钻头，在淮山药种植地按照一定的宽度和深度对土壤进行螺旋粉碎，使土壤疏松细碎，为山药生长创造理想的土壤生态环境，是减轻淮山药传统种植劳动强度的一种种植方式。

1. **选地整地**

（1）**选地** 选择前茬未种植薯类作物且地势较高、排灌方便、土层深厚的沙质土壤或疏松黄壤土的平地或缓坡地。

（2）**整地** 整地前，按照1.2~1.5m垄距，将腐熟有机肥施在淮山药种植带上，利用专用机械，开出沟深0.8~1.0m，垄面宽30cm的淮山药种植畦；有机肥随螺旋钻头混入松土沟槽中，并于畦面上开好栽培沟，在栽培沟两侧施45%复合肥40~50kg（图3-6、图3-7）。

图3-6 坡地黄壤土淮山药机械粉垄　　图3-7 淮山药种植后机械培土成畦及开排水沟

2. 种子选择及处理

选择优质脱毒种薯或零余子复壮种薯、无病健康块茎或较大零余子作种薯。播前20d左右备足种薯，晒种2d。将种薯切成长5cm、重80～100g的种薯块，种薯块用多菌灵药剂浸种后晾干，集中催芽10～15d，待新芽破口后播种；重量大于20g的健康零余子可直接作种。

3. 播种

种植时间为3月下旬至4月下旬，以块茎作种的，每亩种植1 500～1 800株，株距为30～35cm；以零余子作种的，株距为25cm，种植密度为每亩1 800～2 200株。播种后覆盖黑色地膜，然后用人工或起垄机将畦两侧的土壤覆盖于垄面，并做好田间灌排沟系疏通。有条件的，可在膜下安装水肥一体化滴灌。

4. 田间管理

（1）**破膜放苗**　播后注意巡田检查出苗情况，地膜覆盖栽培要及时破膜放苗，出苗后清除丛生苗、保留主茎，发现缺苗要及时补种。

（2）**搭架引蔓**　平地及地势较低地块，出苗后顺行向用竹子搭架或架设1.5～1.8m高的网架；缓坡和地势较高的田块可采用矮架或无架栽培，将淮山药茎蔓覆盖在垄畦上。

（3）**中耕除草**　播种后选用适宜的苗前封闭除草剂全田喷施，可结合中耕、追肥、施药、培土等定期除草。

（4）**合理灌溉**　生长前期少补水，中、后期视降雨情况和土壤墒情喷淋灌水，提倡膜下水肥一体化喷滴灌种植。快速生长期和块茎膨大期小水勤浇；采收前15～20d停止浇水。注意定期检查疏通田间排灌沟系，持续干旱时，要及时灌水，降雨后要及时排尽田间积水，确保"雨止田干"。

（5）**科学施肥**　坚持肥料少量多次施用原则。根据土壤肥力和植株长势，甩蔓发棵期每亩追施尿素3～5kg；生长中期是淮山药营养生长向生殖生长过渡并开始原基分化结薯期，需要积蓄较多的营养，每亩追施45%复合肥10～15kg，如果此时期的苗势过旺，则不需要追施肥料。块茎膨大期是淮山药肥水需要量大的时期，需重施块茎伸长膨大肥，每亩追施45%硫酸钾复合肥15～30kg；膨大后期视植株长势情况喷施0.2%磷酸二氢钾2～3次。

（6）**零余子摘除**　块茎膨大后期，摘除留种以外的零余子。

5. 病虫防控

重点防治炭疽病、褐斑病、枯萎病、立枯病等病害，以及夜蛾、红蜘蛛、蚜虫、叶蜂、金龟子、地老虎等害虫。采取"防治措施合理搭配、药剂防控相互协同"的综合防治策略。使用脱毒种薯、零余子复壮种薯、健康种薯，种薯播前药剂处理。结合农业、物理、生物等防治措施，实行水旱轮作或与非寄主作物合理轮作，应用覆盖材料防草并结合中耕除草；采用高效低毒低残留农药防控病虫害，注意药剂合理搭配和轮换使用；严格遵守农药安全间隔期，杜绝超剂量用药。

6. 适期采收

根据品种熟性和市场行情分批有序收获。早熟品种一般在8月下旬至10月下旬开始采挖；晚熟品种在藤蔓枯萎后开始采挖，采收期为12月上旬至翌年3月。为便于贮藏和长途运输，收获时，最好选择晴天上午采收，采收时要注意尽量不要破损薯条，就地晾晒2～3h，根据用途需要进行分级包装、贮运。

7. 科学贮藏

少量种薯可地窖贮藏，码放高度不超过1m，堆垛间距0.5m左右，码放后喷杀菌剂、盖沙保存，保持通风良好。大量种薯宜冷库贮藏，库温保持在12～15℃，相对湿度保持在60%～70%；贮藏过程中要适当通风换气。没有霜冻、冻雨的坡地或旱地晚熟品种可就地贮藏，可贮藏到翌年3—4月（不影响产量和品质）。注意需要割蔓晒垄覆盖膜，做好沟渠排水工作。零余子留种可沙藏保存。

（二）淮山药定向结薯栽培技术

淮山药定向结薯栽培技术是广西农业科学院经济作物研究所2004年发明的淮山药种植新技术（国家发明专利号为ZL2005200182941）。淮山药定向结薯栽培技术免除了传统种植技术和采收均需深沟挖掘种植的方法，能减轻淮山药栽培的劳动强度，通过采用硬质材料改变淮山药垂直向地生长习性，人为地定向引导其靠近在面土层按一定斜度生长。

淮山药定向栽培生长能有效地利用垄面土层"温差效应"、土壤疏松和通透性好的优势，使淮山药块茎快速伸长和膨大，大幅度提高产量；采收快、提高效率、减轻劳动强度，是淮山药栽培创新性技术。但是本技术对土壤选择要求比较高，铺设硬质材料的技术要求比较严格，如在生产中，如果技术掌握不好，有可能出现块茎翻拱出地面的现象，进而影响淮山药的产量、外观和品质。

1. 选地整地

选择前茬未种植过薯类作物、地势较高、排灌方便、土层深厚的沙质壤土、疏松黄壤土的旱地或丘陵缓坡地。淮山药是肉质块根作物，要求土壤疏松，整地时用大拖拉机深耕碎土，深耕40～50cm为宜。

2. 品种选择

根据各地区消费习惯优先选择优良地方品种，并结合茬口安排、上市时间合理选择早熟或中晚熟抗病品种。可选用通过地方审（鉴、认）定的优质淮山药品种和地理标志淮山药品种，如早熟品种桂淮5号、桂淮6号、桂淮7号，晚熟品种那淮1号、桂淮2号或当地其他品种等。

3. 种薯选择及处理

选择优质脱毒种薯或零余子复壮种薯、无病健康块茎或较大零余子作种。播前20d左右备足种薯，晒种2d。将种薯切成长5cm、重80~100g的种薯块，用多菌灵药剂浸种后晾干，集中催芽10~15d，待新芽破口后播种；重量大于20g的健康零余子可直接作种。

4. 材料铺设与基肥施放

（1）**硬质材料选择**　以淮山药块茎生长过程不能穿透为宜。材料可选目前市场上在售的淮山药定向膜、淮山药定向U形槽，有条件的也可选用塑料管（图3-8）。

（2）**定向材料的铺设**　平地整地做畦，畦距1.0~1.2m，畦沟宽30~40cm，畦沟深20cm左右；丘陵缓坡地区沿坡面等高线做畦，畦面宽1.2~1.6m。定向沟可人工用专用工具由浅到深向下开定向沟，压平斜沟，使沟顺滑；也可用淮山药定向开槽机开槽沟，沟距30~35cm，斜度15°~20°，铺设塑料定向槽或硬质塑料片，槽内放置稻草、玉米秸秆、菇渣等填充材料。定向槽内覆细土及畦面上盖土厚度为10~15cm，顶部预留播种穴（图3-9、图3-10）。

图3-8　淮山药定向栽培结薯情况

图3-9　定向栽培田间盖膜

图3-10　淮山药缓坡地无架定向栽培

（3）**放足基肥** 材料铺设后施足基肥，每亩施用生物有机肥400 ～ 600kg、磷肥25kg、45%硫酸钾复合肥50 ～ 60kg作底肥，肥料均匀施在种植穴的周边后深耕细耙。

5.适时播种

在淮山药定向结薯栽培南方一般3月中旬至4月下旬播种。早熟品种在3月中旬至4月上旬，晚熟品种4月上旬至下旬种植。根据不同的品种和不同的土壤条件，种植密度为1 200 ～ 2 000株/亩。

播种后畦面及时覆盖黑地膜、土工布等，地膜覆盖种薯种植穴往下开始，然后用细土压紧，起到保水防草，并保持畦面内土壤疏松；有条件的，在膜上、布上铺上稻草、甘蔗叶等，防止茎蔓受高温烫伤，或畦面土壤温度过高影响块茎生长，同时做好田间灌排沟系。有条件的，可采用膜下水肥一体化滴灌种植。

6.田间管理

（1）**及时补苗和剪苗** 播后注意巡田检查出苗情况，出苗后清除丛生苗、保留主茎，缺苗的要及时补种。

（2）**搭架引蔓** 平地及地势较低地块，出苗后顺行向用竹竿搭架或架设1.5 ～ 1.8m高网架；缓坡和地势较高的田块可采用矮架或无架栽培，将淮山药茎蔓覆盖在垄畦上。

（3）**中耕除草** 播种后选用适宜的苗前封闭除草剂全田喷施，可结合追肥、施药等定期除草。

（4）**肥水管理**

①合理灌溉：生长前期少补水，中、后期视降雨情况和土壤墒情喷淋灌水，提倡膜下水肥一体化喷滴灌种植。快速生长期和块茎膨大期小水勤浇，需要保持土壤湿润、疏松，通透气好，充分利用土壤"温差效应"，促进块茎伸长生长；采收前15 ～ 20d停止浇水。注意定期检查疏通田间排灌沟系，持续干旱要及时灌水，降雨后要及时排尽田间积水，确保"雨止田干"。

②科学施肥：遵循少量多次施用原则。根据土壤肥力和植株长势，甩蔓发棵期每亩追施尿素3 ～ 5kg；生长中期是淮山药营养生长向生殖生长过渡并开始原基分化结薯期，需要积蓄较多的营养，每亩追施45%复合肥10 ～ 15kg，如果此时期的苗势过旺，则不需要追施肥料。块茎膨大期是淮山药肥水需要量大时期，需重施薯块伸长膨大肥，每亩追施45%硫酸钾复合肥15 ～ 30kg，有滴灌措施的，可以把肥料溶于水，跟水一起淋施；膨大后期视植株长势情况喷施0.2%磷酸二氢钾2 ～ 3次。

7. 病虫害防治

重点防治淮山药炭疽病、褐斑病、枯萎病、立枯病等病害，以及夜蛾、红蜘蛛、蚜虫、叶蜂、金龟子、地老虎等害虫。采取"防治措施合理搭配、药剂防控相互协同"的综合防治策略。使用脱毒种薯、零余子复壮种薯、健康种薯，种薯播前药剂处理。结合农业、物理、生物等防治措施，实行水旱轮作或与非寄主作物合理轮作，应用覆盖材料防草；采用高效、低毒、低残留农药防控病虫害，注意药剂合理搭配和轮换使用；严格遵守农药安全间隔期，杜绝超剂量用药。

8. 适时收获

（1）**收获** 淮山药地上部茎叶老化变黄、块茎膨大充实、皮老熟后，即可收获。早熟品种11月上旬开始收获，晚熟品种则在12月中旬开始采收。最好选择晴天上午采收，并将块茎就地晒2h，表皮干爽后，再分级包装、贮运。

（2）**贮藏** 淮山药块茎可分冷库贮藏和就地贮藏。冷库贮藏：库温保持在12～15℃，相对湿度保持在60%～70%；贮藏过程中要适当通风换气，使淮山药保持新鲜度。就地贮藏：一般在没有霜冻或冻雨的地区或旱地，一些晚熟淮山药成熟后可就地贮藏到翌年3—5月，可在地里贮藏3个月，且不影响产量和品质，注意需要割蔓晒垄覆盖膜，做好沟渠排水工作。

（三）淮山药反季节栽培技术

淮山药反季节栽培技术是淮山药周年生产的重要栽培措施，主要先种植一季早稻或经济作物，再利用种植一季淮山药的种植模式，这种淮山药栽培模式对避开南北淮山药的上市高峰期，延长淮山药产业生产周期，提高土地的利用率、粮食安全和经济效益，实现淮山药周年生产供应具有重要作用。淮山药反季节栽培主要适合于南方冬季无霜地区。淮山药常规栽培主要是春种冬收，而反季节栽培是夏、秋季种植翌年春、夏季收，主要在7—8月播种，翌年3—5月收获，通过利用南方秋、冬光照充足，昼夜温差大，冬季无霜冻的有利条件，发展淮山药种植的一项新技术。

1. 选地整地

（1）**选地** 选择排灌方便、土层深厚沙壤水稻田或土壤疏松旱坡地种植。

（2）**整地** 粉垄种植：旱地、缓坡地在收获经济作物后，及时清除田间残枝，在天晴，利用专用粉垄机械粉垄，形成垄面宽30cm左右，垄距1.0～1.5m，沟深0.8～1.0m，株距25～30cm。

机械打洞填料栽培：地势低缓、土壤肥厚、排灌方便的沙壤土，在前造收获后翻晒犁耙，然后按1.2m行距，采用钻孔机打孔种植，孔距25～30cm，孔深0.8～1.0m。孔洞周边施基肥，洞中填充稻草、椰糠、木糠等。沿播种行起垄，垄高20～30cm，预留播种穴。

2. 品种选择

种植品种可选择那淮1号、桂淮2号等晚熟品种。这些品种结薯对短日照较为敏感，所以在短日照情况结薯生长较快，因此，这些品种在7—8月种植，9月之后的温光条件下，生长速度较快，在良好的水肥和气候条件下，能获得较高的产量。

3. 种薯贮藏、选择与处理

（1）**淮山药种薯贮藏**　由于淮山药反季节栽培在7—8月种植，种薯需要安全保存，可存放在12～15℃的冷藏库，相对湿度保持在60%～70%，在种植前提前15d取出处理；部分种薯可用旱地反季栽培淮山药，原地贮存，割蔓晒垄并覆盖厚膜，做好沟渠排水工作，在种植前20d挖出处理。

（2）**种薯选择与处理**　选择优质脱毒种薯或零余子复壮种薯、无病健康块茎作种。播前20d左右备足种薯，晒种2d。将种薯切成长5cm、重80～100g的种薯块，种薯块用多菌灵药剂浸种后晾干，集中催芽10～15d，待新芽破口后播种。

4. 施用适量的底肥及播种

（1）适量的起垄后每亩沟施充分生物有机肥400～600kg，45%硫酸钾复合肥30～50kg作底肥。

（2）**适期播种**　收获水稻或经济作物后及时整地和准备播种事项，于7月中下旬至8月初播种。

（3）**合理密植**　反季节粉垄栽培种植密度为1 000～1 500株/亩；打洞填料栽培以每亩种植1 200～2 000株为宜。

5. 田间管理

（1）**破膜放苗**　播后注意巡田检查出苗情况，覆盖地膜要及时破膜放苗，出苗后清除丛生苗、保留主茎，发现缺苗要及时补种。

（2）**搭架引蔓**　地势较低地块，出苗后顺行向用竹竿搭架或架设1.5～1.8m高网架；缓坡和地势较高的田块可采用矮架或无架栽培，将淮山药茎蔓覆盖在垄畦上。

（3）**中耕除草**　播种后选用适宜的苗前封闭除草剂全田喷施，可结合中耕、追肥、施药、培土等定期除草。提倡采用黑色地膜、土工布或防草布覆盖。

（4）**合理灌溉**　生长前期少补水，中、后期视降雨情况和土壤墒情喷淋灌水，提倡膜下水肥一体化喷滴灌种植。快速生长期和块茎膨大期小水勤浇；夏季高温天气在定向槽畦面上覆盖玉米秸秆、稻草等，适当喷水降低土层温度；采收前15～20d停止浇水。注意定期检查疏通田间排灌沟系，持续干旱要及时灌水，降雨后要及时排尽田间积水，确保"雨止田干"。

（5）科学施肥

反季节淮山药生长特性与当地正季生长有所差异，肥料宜少量多次施用，适当减少底肥用量，后期可结合滴灌施用水溶肥。根据土壤肥力和植株长势，甩蔓发棵期每亩追施尿素3～5kg；块茎膨大期每亩追施45%硫酸钾复合肥15～30kg或水溶肥；膨大后期视植株长势情况喷施0.2%磷酸二氢钾2～3次。

6. 病虫防控

重点防治淮山药炭疽病、褐斑病、枯萎病等病害，以及夜蛾、红蜘蛛、蚜虫、叶蜂等害虫。采取"防治措施合理搭配、药剂防控相互协同"的综合防治策略。使用脱毒种薯、零余子复壮种薯，种薯播前药剂处理。结合农业、物理、生物等防治措施，实行水旱轮作或与非寄主作物合理轮作，应用覆盖材料防草并结合中耕除草；采用高效、低毒、低残留农药防控病虫害，注意药剂合理搭配和轮换使用。在反季节栽培，水稻田由于田间温度高，注意预防淮山药炭疽病、褐斑病。

7. 适期采收

淮山药反季节栽培视市场行情可在翌年2—5月有序收获上市。适时采收，可提高反季节淮山药种植效益。水稻田反季节栽培淮山药，一般要在早稻移栽前收获完；旱坡地淮山药反季节种植，可以适当延迟到4—5月收获，这个时期是全国鲜淮山药销售真空期，其市场价格相对较高，种植效益也较好。

（四）淮山药打洞栽培技术

淮山药打洞栽培技术主要在中国南方一些地方推广应用。淮山药打洞栽培技术是按照品种直径大小特性，根据淮山药的栽培密度，按照一定种植株距，选用不同钻头机械打洞，然后在洞里填充稻草、甘蔗叶或椰糠等填充物，在洞口上播种，让淮山药沿着打好的洞生长的一种种植方式。

1. 选地

一般选地势水位低、土壤肥厚而且排灌方便的沙壤土。

2. 整地

按1.0～1.2m行距，采用钻孔机打孔种植。按块茎粗度选择孔径，孔距20～30cm，孔深0.8～1.0m。孔洞周边施基肥，洞中填充稻草、椰糠、木糠等。每亩施用生物有机肥400～600kg，磷肥25kg、45%硫酸钾复合肥50～60kg作

底肥，把行沟的泥土起到行顶上，
盖住基肥。沿播种行起垄，垄高
20～30cm，预留播种穴。

3.种薯选择及处理

选择优质脱毒种薯或零余子
复壮种薯、无病健康块茎作种。
播前20d左右备足种薯，晒种2d。
将种薯切成长5cm、重80～100g
的种薯块，种薯块用多菌灵药剂
浸种后晾干，集中催芽10～15d，
待新芽破口后播种。

图3-11　水田淮山药打洞种植

4.适期播种

淮山药适播期可从4月延续到7月，分春、夏植。春植4—5月，可套种矮
秆作物（花生、大豆、沙姜、西瓜等），先种套种作物。夏植6—7月，在收获花
生、大豆、西瓜、早稻后种植。

种植时把种薯块放在孔洞面上，生长点对正孔中央。有条件的，可在田间
安装滴灌管带，便于干旱时补水。

5.精细田间管理

（1）**补苗及间苗**　出苗后定期检查，发现缺株的及时补种。出苗后清除丛
生苗、保留健壮主茎。

（2）**及时搭架引蔓**　该技术一般为间套种，需要搭架。平地及地势较低地
块，出苗后顺行向架设1.5～1.8m高网架或人字形竹架并引蔓上架。

（3）**中耕除草**　播种后选用适宜的苗前封闭除草剂全田喷施，可结合中耕、
追肥、施药、培土等定期除草。提倡采用黑色地膜、土工布或防草布覆盖。

（4）**合理灌溉**　生长前期少补水，中、后期视降雨情况和土壤墒情喷淋灌
水，提倡膜下水肥一体化喷滴灌种植。快速生长期和块茎膨大期小水勤浇；采
收前15～20d停止浇水。注意定期检查疏通田间排灌沟系，持续干旱要及时灌
水，降雨后要及时排尽田间积水，确保"雨止田干"。

（5）**科学施肥**　肥料宜少量多次施用。根据土壤肥力和植株长势，甩蔓发
棵期每亩追施尿素3～5kg；块茎膨大期每亩追施45%硫酸钾复合肥15～30kg；
膨大后期视植株长势情况喷施0.2%磷酸二氢钾2～3次。有滴灌设施的，后期
可结合滴灌施用水溶肥，促进淮山药快速膨大。

6. 病虫害防治

由于地势低，田间湿度较大，要注意防治炭疽病、黑斑病、叶蜂等病虫害。防控原则：以预防为主，综合防治结合。采用以农业综合防治为主，化学防治为辅的防治策略。

7. 适时收获

（1）**收获**　淮山药地上部茎叶变黄老化，块茎膨大充实、皮老熟后，即可收获。选择晴天采收，块茎挖出后就地晒2h，待块茎表皮干爽后，再进行分级包装、贮运。

（2）**贮藏**　一般轮种或间套种，要求在2月前全部收获。收获的淮山药贮藏于冷室内，要求通风透气好。

单位：广西壮族自治区农业科学院经济作物研究所

编写人员：覃维治、刘国敏、韦荣昌

第四章
云南山药品种介绍及栽培方法

一、罗茨白山药

1．品种来源

云南省农业科学院经济作物研究所以云南省禄丰县罗茨（碧城镇、仁兴镇、勤丰镇）的地方品种为材料，经提纯复壮后的白山药品种。

2．特征特性

罗茨白山药为中晚熟品种。用顶端块茎或用零余子繁育的小山药种植，植株主茎1～3个，长势中等。茎蔓绿紫色，圆棱形，右旋；盾形叶；叶腋着生零余子；块茎长圆柱形，长度60cm左右，直径5cm内。淡褐色，须根少，较光滑，皮薄；块茎肉色为白色，黏液多、质脆、细腻、糯滑，品质好。

3．产量表现

产量较高，平均亩产2 800kg。

4．种植地区的自然条件

罗茨属亚热带高原季风气候，四季区别不明显，霜期较短，无霜期265d左右。土地肥沃，气候温和，光照充足，海拔1 750m左右，年平均温度16.5℃，降雨量950～1 201mm。

5．栽培要点

（1）**整地施肥**　双行种植时，大行距1.4m，小行距40cm，沟深60cm，沟宽70～80cm（沟内排放两行山药）。单行种植时行距0.8m，深60cm，沟宽50cm。基肥一般施过磷酸钙20kg/亩、腐熟有机肥3 000～4 000kg/亩或者腐殖土4 000kg/亩、高钾复合肥40～60kg/亩，若腐熟有机肥不足，需增施复合肥150kg/亩。基肥与上层20～30cm的表土混合均匀后回沟，将栽培沟填满后做垄。

（2）**种薯处理**　种植前20～25d，选择无病、上端较硬的根头或用零余子繁育的小山药作种，然后放太阳下晒种3～5d；也可用40%多菌灵胶悬剂300倍液浸种15min或72%的百菌清1 000倍液浸种3～5min。

（3）**播种**　直播或催芽后播种，株距25cm，平放栽种，芽朝上，覆土5cm厚，轻按踏实，密度3 000～3 300株/亩。

（4）**田间管理**　出苗后及时搭支架引蔓。生长前期中耕除草，以浅耕为好，一般每隔半月进行1次，直到茎蔓上半架为止；结合中耕除草、培土，以后拔除杂草。生长前期如遇久旱不下雨，应轻浇1～2次；山药块茎膨大期，如遇干旱炎热天气持续2周以上，在清晨或傍晚浇水。多雨季节及时清沟排水。当地上植株长到1m左右时，在离根部20cm处穴施尿素10～15kg/亩；山药膨大期以磷、钾含量较高的多元素复合肥为主，40～50kg/亩，采取冲施或在离根部20cm处穴施；山药生长后期用0.2%磷酸二氢钾和1%尿素叶面喷施。

（5）**病虫害防治**　病害有炭疽病、褐斑病、根腐病、白绢病、白粉病和斑枯病等；虫害有地老虎、蛴螬、红蜘蛛和线虫等。病害以炭疽病为主，发病初期用70%代森锰锌400～500倍液或50%甲基托布津700～800倍液等交替喷雾防治，隔7～10d防1次，连续2～3次。虫害以地老虎、蛴螬为主，幼虫期用高效氯氰菊酯、辛硫·高氯氟、或甲氰·辛硫磷于表土喷雾防治。

（6）**采收与贮藏**　采后应选粗壮、完整、表皮不带泥、无伤口、无疤痕、无虫害和未受冻伤的山药贮藏。入贮前要经过摊晾、阴干。贮藏适宜的温度2～5℃，湿度75%～80%（图4-1）。

图4-1　罗茨白山药

二、富民白山药

1. 品种来源

云南省农业科学院经济作物研究所以云南省富民县地方品种为材料，经提纯复壮后的白山药品种。

2. 特征特性

富民白山药用顶端块茎或用零余子繁育的小山药种植，植株主茎1～3个，长势中等；茎蔓绿紫色，圆棱形，右旋；叶片绿紫色，盾形；叶腋着生零余子；块茎长圆柱形，长度70～80cm，直径5～6cm。淡褐色，有须根，皮的厚度中等；块茎肉色白色，黏液多、质脆、品质较好。

3. 产量表现

产量高，平均亩产3 200kg。

4. 种植地区的自然条件

富民县地势南高北低，属低纬度亚热带高原季风气候，海拔1 455～2 817m，年平均气温15.8℃，无霜期245d，全年日照2 287h，年平均降雨量846.5mm，蒸发量2 032.5mm。

5. 栽培要点

（1）**整地施肥**　双行种植时，大行距1.4m，小行距40cm，沟深80cm，沟宽70～80cm（沟内排放两行山药）。单行种植时行距0.8m，深80cm，沟宽50cm。基肥一般施过磷酸钙20kg/亩、腐熟有机肥3 000～4 000kg/亩或者腐殖土4 000kg/亩、高钾复合肥40～60kg/亩，若腐熟有机肥不足，需增施复合肥150kg/亩。基肥与上层20～30cm的表土混合均匀后回沟，将栽培沟填满后做垄。

（2）**种薯处理**　种植前20～25d，选择无病、上端较硬的根头或用零余子繁育的小山药作种，在太阳下晒种3～5d；也可用40%多菌灵胶悬剂300倍液浸种15min或72%的百菌清1 000倍液浸种3～5min。

（3）**播种**　直播或催芽后播种，株距30cm，平放栽种，芽朝上，覆土5cm厚，轻按踏实，密度2 400～2 700株/亩。

（4）**田间管理**　出苗后及时搭支架引蔓。生长前期中耕除草，以浅耕为好，一般每隔半月进行1次，直到茎蔓上半架为止，结合中耕除草、培土，以后拔除杂草。生长前期如遇久旱不下雨，应轻浇1～2次；山药块茎膨大期，如遇干旱炎热天气持续14d以上，在清晨或傍晚浇水。多雨季节及时清沟排水。当地上植株长到1m左右时，在离根部20cm处穴施尿素10～15kg/亩；山药膨大期以磷、钾含量较高的多元素复合肥为主，40～50kg/亩，采取冲施或在离根部20cm处穴施；山药生长后期用0.2%磷酸二氢钾和1%尿素叶面喷施。

（5）**病虫害防治**　病害有炭疽病、褐斑病、根腐病、白绢病、白粉病和斑枯病等；虫害有地老虎、蛴螬、红蜘蛛和线虫等。病害以炭疽病为主，发病初期用70%代森锰锌400～500倍液或50%甲基托布津700～800倍液等交替喷雾防治，隔7～10d防1次，连续2～3次。虫害以地老虎、蛴螬为主，幼虫期用高效氯氰菊酯、辛硫·高氯氟或甲氰·辛硫磷于表土喷雾防治。

（6）**采收与贮藏**　采后应选粗壮、完整、表皮不带泥、无伤口、无疤痕、无虫害、未受冻伤的山药贮藏。入贮前要经过摊晾、阴干。贮藏适宜的温度2～5℃，湿度75%～80%（图4-2）。

图4-2　富民白山药

三、建水山药

1.品种来源

云南省农业科学院经济作物研究所以云南省建水县地方山药品种为材料，经提纯复壮后的山药品种。

2.特征特性

建水山药用顶端块茎或块茎的茎段种植，长势强；茎蔓绿色，四棱形，右旋；叶片绿色，三角形；块茎长圆柱形，长度35～50cm，直径5～8cm；须根少，皮较厚；块茎肉色为白色，黏液多、质脆、品质好。耐贮藏性较好。

3.产量表现

产量较高，平均亩产2 600kg。

4.种植地区的自然条件

建水县属亚热带气候，夏无酷暑，冬无严寒，有优厚的光热条件和肥沃的土地，平均海拔1 324m，常年平均气温19℃，常年平均降雨量828.3mm。建水山药在此地生长旺盛，产量较高，品质较好。

5.栽培要点

（1）**整地施肥**　行距2.0m，沟深50cm，沟宽80～100cm（沟内排放两行山药），开沟后沟内直立放入稻草、麦秆或者山茅草、覆土。基肥一般施过磷酸钙20kg/亩、腐熟有机肥1 000～2 000kg/亩（或腐殖土2 000kg/亩）、高钾复合肥30～40kg/亩，若腐熟有机肥不足，需增施复合肥100kg/亩。基肥与上层10～20cm的表土混合均匀后回沟，将栽培沟填满后做垄。

（2）**种薯处理**　选留两端同粗、直径5～6cm、无病虫害的根状茎，将根状茎切分成8～10cm长的若干小段，每个断面蘸消石灰粉或草木灰，在太阳下晒种，晒到段头有细裂缝时，选择地势高燥、背风向阳的地方放置，待山药段有白色芽点时再播种。

（3）**播种**　催芽后播种，株距30cm，平放栽种，芽朝上，覆土5cm厚，轻按踏实，密度1 100株/亩左右。

（4）**田间管理**　出苗后及时搭支架引蔓。结合中耕适时摘芽，每株留2～4个健壮芽。可将架外的行间土壤挖起一部分培到架内行间，使架内形成高畦，架外行间形成深20cm、宽30cm的畦沟，以便雨季排水。生长前期中耕除草。视山药长势等轻浇水3～5次。当地上植株长到1m左右时，在离根部20cm处穴施尿素10～15kg/亩；山药膨大期以磷、钾含量较高的多元素复合肥为主，40～50kg/亩，采取冲施或在离根部20cm处穴施；山药生长后期用0.2%磷酸二氢钾和1%尿素叶面喷施。多雨季节及时清沟排水。

（5）**病虫害防治**　病害有炭疽病、褐斑病、根腐病、白绢病、白粉病和斑枯病等；虫害有地老虎、蛴螬、红蜘蛛和线虫等。病害以炭疽病为主，发病初期用70%代森锰锌400～500倍液或50%甲基托布津700～800倍液等交替喷雾防治，隔7～10d防1次，连续2～3次。虫害以地老虎、蛴螬为主，幼虫期用高效氯氰菊酯、辛硫·高氯氟或甲氰·辛硫磷于表土喷雾防治。

（6）**采收与贮藏**　采后应选粗壮、完整、表皮不带泥、无伤口、无疤痕、无虫害、未受冻伤的山药贮藏。入贮前要经过摊晾、阴干。贮藏适宜的温度2～5℃，湿度75%～80%（图4-3）。

图4-3　建水山药

四、通海高大山药

1. 品种来源

云南省农业科学院经济作物研究所以云南省通海县高大乡地方品种为材料，经提纯复壮后的山药品种。

2. 特征特性

通海高大山药茎蔓浅紫绿色，四棱形，右旋；叶片绿色，长三角形；植株长势强，生长快速，枝繁叶茂；一株山药上生长数个根状茎，根状茎长酒壶状，长度20～40cm，直径7～13cm。淡褐色，有须根，皮厚；块茎肉颜色为乳黄色，黏液多、质脆。耐贮藏性较好。

3. 产量表现

平均亩产2 000kg。

4. 种植地区的自然条件

高大乡种植区群山起伏，纵横交错，海拔1 350～1 895m，水资源较丰富，年平均气温17.4℃，平均降雨量973.5mm，年无霜期299d左右。通海高大山药在此地生长好。

5. 栽培要点

（1）**整地施肥** 采用打洞的方式种植，洞口的长宽均为30cm左右，洞底部放置稻草并压紧，在离洞口20cm处用混有基肥的细土填平洞口，基肥一般施过磷酸钙20kg/亩、腐熟有机肥1 000～2 000kg/亩（或腐殖土2 000kg/亩）、高钾复合肥30～40kg/亩，若腐熟有机肥不足，需增施复合肥100kg/亩。

（2）**种薯处理** 种植前20～25d，选择无病、上端较硬的根头或小山药作种，然后放太阳下晒种3～5d，选择地势高燥，背风向阳的地方放置，待山药根头有白色芽点时再播种。

（3）**播种** 催芽后播种，播种时在洞口浇足水，将山药根头向上放在洞口中央，覆土5cm厚，轻按踏实，密度1 000株/亩左右。

（4）**田间管理** 出苗后及时搭支架引蔓。将架外的行间土壤挖一部分分配到架内行间，使架内形成高畦。生长前期中耕除草。视山药长势等轻浇水3～5次。当地上植株长到1m左右时，在离根部20cm处穴施尿素10～15kg/亩；山药膨大期以磷、钾含量较高的多元素复合肥为主，40～50kg/亩，采取冲施或在离根部20cm处穴施；山药生长后期用0.2%磷酸二氢钾和1%尿素叶面喷施。多雨季节及时清沟排水。

（5）**病虫害防治** 病害有炭疽病、褐斑病、根腐病、白绢病、白粉病和斑枯病等；虫害有地老虎、蛴螬、红蜘蛛和线虫等。病害以炭疽病为主，发病初期用70%代森锰锌400～500倍液或50%甲基托布津700～800倍液等交替喷雾防治，隔7～10d防1次，连续2～3次。虫害以地老虎、蛴螬为主，幼虫期用高效氯氰菊酯、辛硫·高氯氟或甲氰·辛硫磷于表土喷雾防治。

（6）**采收与贮藏** 采后应选粗壮、完整、表皮不带泥、无伤口、无疤痕、无虫害、未受冻伤的山药贮藏。入贮前要经过摊晾、阴干。贮藏适宜的温度2～5℃，湿度75%～80%（图4-4）。

图4-4 通海高大山药

五、元谋脚板山药

1. 品种来源

云南省农业科学院经济作物研究所。以云南省元谋县地方品种为材料，经提纯复壮后的山药品种。

2. 特征特性

元谋脚板山药茎蔓绿色，四棱形，右旋；叶片绿色，三角形；块茎扁平，形如脚掌，连接地上部的茎端较窄，下端渐宽。淡褐色，有须根，皮厚度中等，块茎肉色有白、淡黄两种，黏液多，质脆。耐贮藏性较好。

3. 产量表现

平均亩产2 000kg。

4. 种植地区的自然条件

元谋县地势呈四周高，中间低，种植区处于海拔1 350m以下的干热河谷。干旱少雨，年均降雨量仅为616mm，年平均气温21.9℃。四季区别不明显，全年基本无霜。

5. 栽培要点

（1）**整地施肥** 土地耕耙后，按行距50cm开沟，沟深40cm，宽30cm。基肥一般施过磷酸钙20kg/亩、腐熟有机肥1 000 ～ 2 000kg/亩（或者腐殖土2 000kg/亩）、高钾复合肥30 ～ 40kg/亩，若腐熟有机肥不足，需增施复合肥至100kg/亩。基肥施于沟内，填土后做垄。

（2）**种薯处理** 种植前20 ～ 25d，选择无病的小山药作种，放太阳下晒种3 ～ 5d。

（3）**播种** 直播和催芽后播种，在栽培沟中央开浅沟，将小山药平放沟中，覆土5cm厚，轻按踏实，密度2 700株/亩左右。

（4）**田间管理** 提前在垄边种植玉米，玉米起到支架作用。生长前期除草。视山药长势等轻浇水3 ～ 5次。山药膨大期在离根部20cm处穴施复合肥，40 ～ 50kg/亩。多雨季节及时清沟排水。

（5）**病虫害防治** 病害有炭疽病、褐斑病、根腐病、白绢病、白粉病和斑枯病等；虫害有地老虎、蛴螬、红蜘蛛和线虫等。病害以炭疽病为主，发病初期用70%代森锰锌400 ～ 500倍液、50%甲基托布津700 ～ 800倍液等交替喷雾防治，隔7 ～ 10d防1次，连续2 ～ 3次。虫害以地老虎、蛴螬为主，幼虫期用高效氯氰菊酯、辛硫·高氯氟或甲氰·辛硫磷于表土喷雾防治。

（6）**采收与贮藏** 采后应选粗壮、完整、表皮不带泥、无伤口、无疤痕、无虫害、未受冻伤的山药贮藏。入贮前要经过摊晾、阴干。贮藏适宜的温度2 ～ 5℃，湿度75% ～ 80%（图4-5）。

图4-5 元谋脚板山药

单位：云南省农业科学院经济作物研究所

主要编写人员：刘旭云、高梅、王沛琦

第五章
四川山药品种介绍及栽培方法

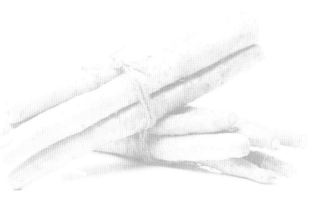

雅山药1号优质高产栽培技术

雅山药1号原为四川二郎山多年生野生草本攀缘性作物，经人工驯化栽培、选育而成的四川省主要栽培品种。该品种中熟，植株生长势好，田间表现抗逆性强，尤其耐寒性极强，地下保存时间长，品质优良，商品性好，产量高，全生育期230d左右。雅山药1号是营养价值高、产量高、市场销路好、投入成本低、经济效益高的食用、药用品种，具有健脾、助消化、补虚劳、祛痰等功效。现根据雅山药1号的生物学特性，总结提炼了一整套雅山药1号优质高产栽培技术，以推动雅山药1号优质和高产栽培，提高产量和品质。

中熟，生长势强，主茎较粗；叶片阔心形；叶腋间有零余子。薯形粗长棒形，长50～80cm，横径4～8cm，单块茎重0.8～1.5kg，最大单块重达2.5kg，皮黄褐色，肉白色，黏液多，不易褐变，耐贮藏，抗逆强，品质佳，尤其耐寒性突出，抗病性强，亩产一般1 800～2 000kg，适应性广。

1. 选地、挖栽培沟、施足基肥

（1）**选地** 雅山药1号喜欢温暖、湿润、阳光充足的环境条件，对土质的要求也较高，山药的经济产量是指山药块茎的产量。块茎生长在土壤里，疏松的土壤环境有利于其生长。因此，必须选择土层深厚疏松、透气性能好、易排易灌、地下水位低、光照条件好的沙壤土，以冲积沙壤土栽培最适宜，有利于块茎扎根生长。

（2）**挖栽培沟** 以3.0m为行距，挖一条栽培沟，沟深0.8～1m，宽0.4～0.5m。挖条沟时将熟土放在右边，生土放在左边，炕土后，将熟土放于沟底，生土放于沟上部，同时配合施入底肥，保证土层深厚，适宜块根的生长发育和膨大（图5-1）。

（3）**施足基肥** 待栽培沟全部挖好并填好熟土后，统一往沟中施足基肥，施腐熟的有机肥1 500～2 000kg/亩，过磷酸钙25kg/亩，含铁、锰中微量肥10kg/亩，复合肥30kg/亩，移回底土做畦，垄高30～40cm。保证块根萌芽后

图5-1 栽培沟

的幼苗期有足够的养分，促早生稳长。

2. 选种及育苗

（1）**种薯选择与处理**　选择符合本品种特性、无病虫害、无腐烂、充分老熟的块茎或零余子作种薯。种植前30～40d将山药种薯块茎切成80～100g的带皮种薯块，将块茎上部和下部分开堆放，以便出苗整齐，统一移栽。用25%多菌灵可湿性粉剂800倍液浸种消毒10min，取出晾干后可直接催芽；或将种薯块切口蘸生石灰或草木灰，晒种2～3d，以打破种薯的休眠，促进发芽（图5-2）。

图5-2　种薯处理

采用零余子育苗时，一般在9—10月。采收较大的零余子（最宽横径4～6cm，单个零余子40g以上，皮光滑，无病虫害），收获后的零余子沙藏过冬。第二年春，在苗床上育苗，待零余子萌芽后再移栽，芽长1～2cm为宜，通常零余子发芽比种薯块发芽快，用种量70～100kg/亩。

（2）**催芽**　在田间做1.2～1.5m厢面或挖一个1.0～1.5m槽沟，上铺3～5cm的河沙或稻草，将种薯放在河沙或稻草上，铺成50～60cm的厚度，然后盖上10～20cm河沙或壤土，如遇低温或阴雨时应采用小拱棚覆盖保温避雨，防腐烂。一般2月下旬至3月上中旬可开始催芽，经过30～40d，当种薯块上的幼芽长3～5cm时定植。根据芽的长短分级，同级的定植在一起（图5-3、图5-4）。

图5-3　薯块催芽

图5-4　薯块催芽长度

3.种植与管理

（1）**种植期**　4月底至5月上中旬即可种植。种植时选择阴天，以减少水分蒸发，保证出苗率高。

（2）**移栽**　在施底肥回填土后起垄，垄宽1.5 ～ 1.7m，垄高0.3 ～ 0.5m，在垄脊上挖一条12 ～ 15cm浅沟，将薯芽一致的种薯块按照10 ～ 12cm的株距摆放，每亩栽2 000株左右，然后回土，盖土3 ～ 5cm即可（图5-5 ～ 图5-7）。

图5-5　厢面起垄

图5-6　开沟、撒药

图5-7　移　栽

（3）**搭架**　定苗后，为使茎叶分布均匀，扩大光合面积，应及早搭架，在山药蔓长到30 ～ 50cm时，及时引蔓上架（图5-8）。

图5-8　引蔓上架

　　(4) 整枝　为防止茎叶生长过旺，荫蔽度过大，引发只长茎叶不长薯和病

图5-9　旺盛生长期

虫害的滋生，需及时修整过密枝条。在种植后110 ～ 120d开始转入块茎生长时，侧蔓长度在16 ～ 18节时，将侧蔓顶端生长点摘去，促进分枝发生。待分枝长至12节时，将分枝生长点摘去，这样有利于协调地上部和地下部（营养生长和生殖生长关系）的矛盾，促使块根膨大（图5-9）。

4.肥水管理

　　(1) 施肥原则和方法　山药是喜肥作物，应采取前轻、中重、后补的施肥原则。山药需钾量大，但是忌氯作物，不宜施用氯化钾，以免影响块茎品质。

　　①适施苗肥：为使幼苗生长快，较快形成一定的光合面积，应适时适量施用苗肥。在苗高40 ～ 50cm时，抢晴天，中耕除草，施复合肥10 ～ 15kg/亩。

　　②巧施壮苗肥：6—7月雨水多，温度高，有利于茎叶生长，为防止徒长，此时施用的壮苗肥应适时适量，切勿施氮过多。在6月底至7月初，施尿素10 ～ 15kg/亩＋硫酸钾10kg/亩，结合中耕除草施肥，施后及时覆土，同时喷施含有高铁、高锰的叶面肥预防叶片黄化，2 ～ 3次效果较好（图5-10）。

图5-10　拉秧期

　　③重施结薯肥：为促块茎迅速膨大，8月，结合除草培土，在距植株10 ～ 15cm外施含硫复合肥20kg/亩＋硫酸钾20kg/亩（施入厢面）。9月中下旬初，当块茎长到20 ～ 30cm长时，施含硫复合肥25kg/亩＋硫酸钾20kg/亩（施入厢面），同时结合防病加入叶面肥，喷2 ～ 3次，每次间隔14d，叶面喷肥根据植株长势而定，长势偏弱有早衰迹象的以喷氮肥为主，配合磷、钾肥，100kg水中加0.5kg尿素＋磷酸二氢钾0.2kg搅拌均匀喷施。对长势偏旺的主要喷施磷、钾肥，可喷0.2%磷酸二氢钾溶液（图5-11）。

图5-11　薯块膨大期

④补施壮尾肥：为保证后期茎叶不早衰，在9月底至10月初，结合除草松土，开沟施1次壮尾肥，施复合肥15～20kg/亩，并培土。

（2）水分管理　山药怕渍水，较耐旱，以保持土壤湿润为主。种植后做好清沟排渍水工作，发芽期和块茎形成初期都要保持土壤湿润。7—8月后雨水偏多，而这时正是块茎迅速膨大伸长期，应做好排灌，在保证块茎迅速膨大、伸长所需要的水分同时，避免因积水过多，使栽培沟土壤板结、紧实，影响山药生长。

5.病虫害防治

采取以防为主，防治结合，农业防治为主，化学防治为辅的方针。

（1）**农业防治**　主要采取合理的肥水管理、搭架、修剪、摘除病叶病枝等措施，控制茎叶生长，以免生长过旺，荫蔽度过大，减少病虫害的发生。

（2）**化学防治**

①病害：山药病害主要有立枯病、炭疽病、叶斑病、病毒病等，可分别用适乐时、乙铝锰锌、苯醚甲环唑、香菇多糖等喷施，并及时摘除病株病叶。

②虫害：山药虫害主要有金龟子、地老虎、蝼蛄、金针虫等地下害虫和蚜虫为害。地下害虫用3%辛硫磷颗粒剂3～5kg/亩防治，蚜虫用吡虫啉、啶虫脒防治等。

6.适时收获

（1）**采收期**　一般10月底至11月可采收，此时的产量较低，品质较差，但价格高。一般情况，12月中旬后，块茎膨大缓慢，茎叶全部枯萎时可大量采收，此时的产量高，品质好。也可留在土中，持续到次年5月按市场行情采收上市。

（2）**采收方法**　从垄的一端开始，先挖出50cm 见方的坑，人蹲于沟中，把山药根边的泥土铲出，见到块茎的下突端为止，最后用铲轻敲下端，见有松动时，一手捉住块茎的上端，一手沿块茎向下切断其后的侧根，即可把一条完整的山药挖出。在收获时一定要做到轻刨、轻装、轻运和轻放，并避免暴晒（图5-12 ～图5-14）。

图5-12　采挖山药

图5-13　丰收喜悦

图5-14　山药丰收

四川省农业科学院园艺研究所

苗明军

第六章
浙江山药品种介绍及栽培方法

一、文糯1号

1.品种名称

文糯1号（图6-1）。

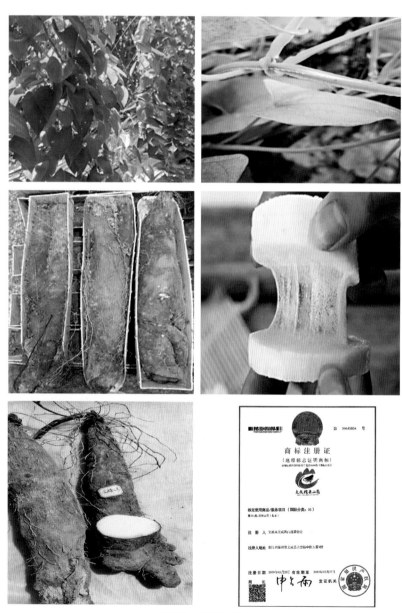

图6-1　文糯1号

2．品种类型

地方品种——文成糯米山药/选育品种——文糯1号。

3．原产地

温州文成县。

4．种植面积

7 000亩。

5．是否有地标产品

有地理标志证明商标。

6．特征特性

文糯1号茎蔓长势较强,蔓长可达到300cm以上，四棱形,有棱翅,淡绿色。基部有2～3个分枝;叶互生，中、上部叶对生;叶片心形，叶顶较钝，叶片厚而大，不分裂;上部叶腋发生侧枝多,藤蔓向上右旋攀升。全生育期在180d以上。平均产量1 750kg/亩，块茎为长柱形，肉质浅黄色且黏性强。

7．加工产品

有文成山哥哥农业开发有限公司加工生产的面条、白酒等。

二、温山药1号

1．品种名称

温山药1号（图6-2）。

2．品种类型

选育品种。

3．原产地

浙江温州。

图6-2　温山药1号田间情况

4.种植面积

6 000亩。

5.是否有地标产品

无地标产品。

6.特征特性

温山药1号生育期190～210d，比地方品种早熟20d左右；茎四棱形、右旋、直径0.35～0.4cm，主茎蔓长3.0～5.0m；叶片淡绿色，主茎叶长16.0～20.5cm，叶宽10.0～12.5cm，呈阔心形、顶端渐尖；地下块茎长纺锤形，长48～62cm，具根毛，表面呈黄褐色，断面白色。

干品经农业部农产品质量监督检验测试中心（杭州）检测，多糖含量10.8%；饮片性状经温州市药检所检测，符合2005年版《浙江省中药炮制规范》要求。

7.加工产品

被加工为中药饮片。

三、紫莳药9号

1.品种名称

紫莳药9号（图6-3）。

2.品种类型

选育品种。

图6-3　紫莳药9号

3. 原产地

浙江台州。

4. 是否有地标产品

无地标产品。

5. 特征特性

紫蓣药9号生育期180d左右，与对照相仿，生长势较强。苗期茎叶紫红色，30～40d开始渐变为绿色。基部分枝数3～6个，主茎长4.4m，茎右旋，有棱翼，茎基紫色，叶柄基色紫色，无零余子，叶卵形，叶缘光滑，叶开展度11.2cm×7.5cm。单株块茎一般为1个，少数2个；块茎圆柱形，皮褐色，肉紫色，须根少；块茎长29.7cm、直径10.2cm，单株块茎重1.2kg。经农业农村部农产品及加工品质量安全监督检验测试中心（杭州）检测，每100g块茎含干物质26.9g、淀粉20.2g、可溶性糖1.8g。经绿城农科检测技术有限公司检测，每100g块茎蛋白质1.83g。新鲜块茎蒸煮口感较粉，稍带糯。炭疽病田间抗性较好，病情指数48.2。生产试验：平均亩产新鲜块茎1 984.2kg。

四、白蓣药16

1. 品种名称

白蓣药16（图6-4）。

2. 品种类型

选育品种。

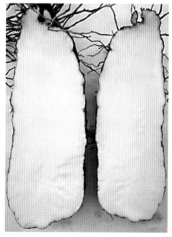

图6-4 白蓣药16

3. 原产地

浙江台州。

4. 是否有地标产品

无地标产品。

5. 特征特性

白薯药16生育期180d左右，与对照相仿。耐迟收，生长势较强，基部分枝数3～8个。主茎绿色，长4.3m，茎右旋，有棱翼，无零余子，叶绿色、卵形，叶缘光滑，叶开展度19.9cm×9.8cm。单株块茎一般为1个，少数2个；块茎圆柱形，皮棕黄色，肉白色，须根数中等，块茎长32.9cm、直径11.3cm，单株块茎重1.6kg。经农业农村部农产品及加工品质量安全监督检验测试中心（杭州）检测，每100g块茎含干物质23.8g，淀粉14.2g，可溶性糖3.8g，经绿城农科检测技术有限公司检测，每100g块茎含蛋白质1.62g。新鲜块茎蒸煮口感细腻带糯，有甜味。炭疽病田间抗性好，病情指数6.7。生产试验：平均亩产块茎2 255.0kg。

五、温州山药主要栽培品种及栽培技术

（一）温州山药主要栽培品种

温州地区目前主要的栽培品种有温山药1号、糯米山药地方种、白山药地方种、紫山药地方种、红山药地方种和扫把薯等。

（二）糯米山药主要栽培技术

1. 种苗繁育

选择坐北朝南、避风向阳、肥沃、湿润、排水良好的沙质壤土作苗床，苗床宽100～120cm，沟深15～20cm。选择无病虫害、块茎直壮、贮藏完好的作种薯，重量500～900g为宜。种薯先切段，后切成30～70g的种薯块，切口处均匀蘸上草木灰或钙、镁、磷肥后，在日光下晒1～2h。海拔300m及以下的地区于3月中下旬催芽；海拔300～700m的地区于3月下旬至4月上旬催芽。用50%多菌灵可湿性粉剂800倍＋50%辛硫磷乳油1 000倍液喷洒已预处理的种块，按自然生长方向布置于畦面，间隔1cm左右，覆盖焦泥灰或细土厚3～5cm，再覆盖少量稻草。采用0.05mm的多功能塑料薄膜平铺催芽，泥土压实四周。

2. 种植地块

选择向阳、避风、排水良好、土层深厚、肥沃疏松的黄泥土地块。

3. 整地施肥

宜选择晴天深翻耕整地，整成垄宽120～130cm、沟宽30～40cm、垄高50cm以上。按照《肥料合理使用准则　通则》（NY/T 496—2010）的规定进行合理平衡施肥，每亩穴施腐熟的有机肥1 000～1 250kg或符合《有机肥料》（NY/T 525—2021）的商品有机肥300～400kg、硫酸钾复合肥（氮：五氧化二磷：氧化钾＝18：7：25）或相当复合肥75～85kg后覆土。

4. 栽培方式

根据种植技术水平和经济条件选择栽培方式，一般定向栽培有利于提高山药商品率，可提高20%以上。

（1）**传统栽培**　按株距40～55cm，直接单行种植。

（2）**定向栽培**　开下端深25～30cm，斜度为15°～20°的平行斜沟，单行种植。按株距40～55cm，放入聚氯乙烯（PVC）浅生槽（U形槽）或硬质塑料定向槽，槽规格为长度55～60 cm，U形直径11～12 cm，槽壁开小孔，置入松软填料（松软填料一般用质地松软的细土或细土加木糠或谷壳糠混合而成），盖细土3～5cm，再覆土5～25cm，槽上端留标记作下种时的目标。在标记处下种块，将种块放在定向槽上口间距5cm处槽中，芽头在下端。出苗后及时疏苗补苗，每株只留壮芽1个。

5. 定植

4月中旬至5月中旬定植。每亩栽植700～900株，下种后覆盖3～5cm的焦泥灰或泥土。

6. 搭架

搭网架或用杆长2.5～3.0m竹竿（或小杂木）搭架，在两株的中间垂直扦插一支杆，杆与杆中间用长杆连接加固，待蔓长30 cm左右，引蔓上架。

7. 田间管理

（1）**除草**　上架后宜人工除草。

（2）**追肥**　当藤蔓长到杆顶时重追肥，每亩穴施（浇施）硫酸钾复合肥（氮：五氧化二磷：氧化钾＝18：7：25）15～25kg，15d后再追施1次；后期视长势而定，如整田叶色偏淡、偏黄，可施以钾肥为主的膨大肥。禁止使用含氯肥料。

（3）**水分管理**　做到雨止沟中无积水；当土壤含水量低于田间持水量的≤55%，浇水灌溉。

8. 病虫害防治

糯米山药主要病害有炭疽病、细菌性顶枯病、立枯病等；主要虫害斜纹夜蛾和地下害虫等。坚持"预防为主,综合防治"原则。优先采用农业措施、物理防治、生物防治,配套使用化学防治措施。

（1）**农业措施** 不宜连作,提倡水（水稻）旱轮作,选用抗病品种,培育壮苗,加强田间管理,保持田间清洁;使用经无害化处理的有机肥,少施氮肥。

（2）**物理防治** 采用频振式杀虫黑光灯、黄色粘虫板等诱杀斜纹夜蛾和蚜虫等害虫。整地时发现蛴螬等,及时灭杀。

（3）**生物防治** 保护和利用天敌,采用信息素、性诱剂诱杀斜纹夜蛾等害虫,使用生物农药如木霉菌剂制等防治炭疽病。

（4）**化学防治** 根据防治对象,合理使用高效、低毒、低残留农药,严格控制农药浓度及安全间隔期。农药使用应遵守《农药合理使用准则》（GB/T 8321）的规定,不使用国家明令禁限用农药。如山药炭疽病,可用75%百菌清可湿性粉剂700倍、阿米妙收（32.5%苯甲·嘧菌酯悬浮剂）1 500倍、阿米西达（25%嘧菌酯悬浮剂）1 500倍或45%咪鲜胺乳油1 500倍等。每隔8～10d防治1次,连续防治2～3次,然后每隔10～15d防治1次。如遇多阴雨天气要缩短喷药间隔期,台风后必须喷药预防,9月下旬防治最后1次。

9.采收

10月下旬至翌年1月下旬,当茎叶开始落黄时采收,宜在晴天进行。用工具清除定向槽或块茎四周的泥土,再轻轻挪动定向槽或山药采收。

（三）糯米山药贮藏方法

1.糯米山药贮藏参数

（1）**温度** 贮藏温度12～15℃。

（2）**湿度** 若是表皮没有破坏,湿度不影响贮藏效果（可以选用埋藏）。一般情况湿度应为60%～80%。

2.糯米山药贮藏方法

（1）**基地田间埋藏** 建议提早贮藏（10月中下旬至11月上旬）,一般可贮藏至第二年3月。

（2）**中长期贮藏方法** 建议秋、冬季室内阴凉处堆放（注意定期通风）,第二年春天天气转暖后于15℃冷库堆放贮藏。正常情况,可以贮藏到第二年5月上旬（不发芽）。

温州科技职业学院

朱建军

第七章
福建山药品种介绍及栽培方法（地标品种）

一、麻沙山药1号

1. 品种来源

福建省农业科学院农业生物资源研究所（药用植物研究中心）从福建省建阳农家山药品种建阳土薯中筛选育成，为褐孢薯蓣类，于2012年通过福建省非主要农作物品种认定（闽认药2012001）。

2. 特征特性

麻沙山药1号为中晚熟，生育期210～240d。茎具棱，右旋，绿色带紫。叶互生，少对生；叶卵形、三角形，长7～13cm，宽3～7cm，先端渐尖，基部心形、戟形，叶缘微波状，叶脉明显，绿色，叶腋内无珠芽。花单性异株，穗状花序，花黄色。块茎长圆柱形，长55～90cm，粗2.7～5.0cm，单根鲜重500g左右，表皮黄棕色，具须根，断面肉白、粉质、黏液多，折干率35.4%。经福建省药物检验所检测，每100g干样含尿囊素0.65g、粗多糖3.7g；经福建省农业科学院中心实验室检测，每100g干样含淀粉80.4g、蛋白质7.29g、氨基酸4.59g、粗纤维1.5g；经福建省分析测试中心检测，镉、铅、铬、总砷、汞等重金属含量符合我国《药用植物及制剂进出口绿色行业标准》要求。经建阳市植保植检站田间病害调查，发现有炭疽病、褐色腐败病等病害发生（图7-1）。

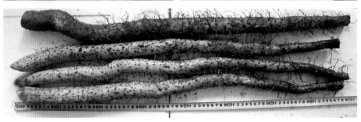

图7-1　麻沙山药1号

3. 产量表现

平均亩产2 000kg。

4. 栽培要点

适宜播种期为3月下旬至4月中旬，播种前15～20d进行种薯催芽；种植地宜选择土层深厚、土质疏松的沙质壤土地块，每亩定植4 000～4 500株；种前施足基肥，块茎膨大期追施钾肥，种植过程注意防治炭疽病、褐色腐败病等病害。

（1）**整地施肥**　入冬前深翻冻垡。基肥施腐熟土杂肥2 000～3 000kg/亩、腐熟饼肥100～150kg/亩或山药专用型复混肥（江苏省农业科学院研制)500kg/亩。

（2）**起垄盖膜**　春节后开冻即可机械打垄，垄距80～100cm、垄高25～30cm，单垄单行种植。覆盖黑膜。

（3）**种薯处理**　播种前将种薯切成100g左右的种薯块，用22.5%啶氧菌酯悬浮剂和咪胺1 000倍液浸种10min，晾干，用生石灰＋硫酸铜（10∶1）或用代森锰锌粉剂拌种。

（4）**播种**　直播或催芽后播种，株距30～33cm，密度2 500～2 800株/亩。

（5）**田间管理**　甩蔓后，及时搭架引蔓，去除侧蔓，留1根主蔓。及时浇水或灌溉，保证土壤湿度。如遇雨季，及时疏通三沟。膨大期前后（苏南地区，7月下旬）应追施膨大肥。据苗势情况追肥，一般亩施45%硫酸钾复合肥25kg。

（6）**病虫害防治**　主要病害有炭疽病、黑斑病、枯萎病、茎腐病、根结线虫病等，以炭疽病为主。苗期可用可杀得3000 1 000～1 500倍液喷雾保护，每隔15d左右喷1次。零星发病时，及时选用22.5%啶氧菌酯悬浮剂、75%甲基托布津可湿性粉剂或25%咪鲜胺1 000～1 500倍液均匀喷雾。以上药剂最好轮换交替使用，每隔15d左右喷1次。一般无虫害，虫害主要有叶峰和斜纹夜蛾，可用4.5%高效氯氟氰菊酯1 500～2 000倍液或20%氯虫苯甲酰胺悬浮剂3 000～6 000倍液防治，每隔15d左右喷1次。

（7）**采收与贮藏**　采收宜在下霜前进行。采收后要晾晒2～3d，最好采用窖藏和冷库贮藏。若无条件，可放在室内贮藏，温度控制在15～18℃，相对湿度为75%～85%，注意不要受冻。

二、闽选山药1号

1. 品种来源

福建省种植业技术推广总站、福建省农科院农业生物资源研究所（药用植物研究中心）、建阳市麻沙镇农业技术推广站从麻沙镇当地种植的江西薯材料中筛选育成，为参薯类山药，于2012年通过福建省非主要农作物品种认定（闽认药2012002）。

2.特征特性

闽选山药1号为一年生或多年生缠绕藤本植物，晚熟，生育期270d左右。茎四棱形，右旋，嫩茎紫红色，成熟茎绿色带有淡紫红色。单叶互生，茎中部以上多为对生，叶纸质，三角状卵形，长8～14cm，宽4～9cm，全缘，先端渐尖，基部心形、戟形，绿色，角质层明显；叶柄两端常带紫红色，叶腋间着生大小不等的零余子，不规则状，棕褐色。花单性异株，穗状花序，花黄绿色。块茎长圆柱形，长70～120cm，粗4.0～6.0cm，单根鲜重750g左右；表皮棕黄色，须根少，断面肉色白、质稍松、黏液多，折干率24.1%。经福建省药物检验所检测，每100g干样含尿囊素0.41g，粗多糖3.2g；经福建省农业科学院中心实验室检测，每100g干样含淀粉78.8g，蛋白质7.44g，氨基酸5.01g，粗纤维为1.4g；经福建省分析测试中心检测，镉、铅、铬、总砷、汞等重金属含量符合我国《药用植物及制剂进出口绿色行业标准》要求。经建阳市植保植检站田间病害调查，发现偶有炭疽病、褐色腐败病等病害发生（图7-2）。

3.产量表现

平均亩产2 500kg。

图7-2　闽选山药1号

4. 栽培要点

（1）**选地与整地**　选择土层深厚、疏松肥沃、光照充足、排水流畅、地下水位在1m以下的沙壤土，前作为水稻的田块，入冬前深翻土地晒白，或用打沟机旋土深度超过1m，于翌年春天播种前施入基肥并拌匀。起垄做畦，畦高30～50cm，畦宽50cm左右。

（2）**制备种薯**　闽选山药1号用珠芽（零余子）繁育。于植株枯萎时收集零余子，选择个大饱满、无病虫害、无损伤、色泽好的作种，用湿沙或两合土埋于室内，也可装入箩筐内，置于室外越冬。

播种前选择无病、无虫、健康的零余子或块茎作种。零余子需用多菌灵500倍浸15～20min，捞出晾干后播种。

（3）**适时定植**　建阳、邵武等闽北山区的种植时间一般为清明前后。要求地温（土层5cm处）稳定在9～10℃后即可定植。春暖较早的地区，如闽南可在3月定植，闽北一般在3月下旬至4月定植。

（4）**合理密植**　采用单行种植，行距100～130cm，株距15～25cm，芽朝同一方向将种薯纵向平放在沟中，覆土6～10cm后轻踩，使种薯与土壤结合紧密。

（5）**支架与引蔓**　茎蔓长30cm以上时应立竹竿，每株立一根竹竿搭成人字架，顺势理蔓，引导茎蔓均匀盘架，避免互相缠绕，同时剪除侧枝。

（6）**中耕除草**　中耕除草要在早期进行，中耕要求浅耕，只将土壤表面锄松即可。

（7）**科学施肥**　闽选山药1号为喜肥作物，需肥量大，在施足基肥的基础上，在生长期还要进行追肥，一般3～4次，种植前施足基肥，亩施腐熟的土杂肥4 000～5 000kg、硫酸钾45～55kg、过磷酸钙60～75kg、腐熟饼肥30～40kg及氮肥10～15kg。追肥宜早，注意不伤及根系，出苗后追施尿素15kg或腐熟的人粪尿1 000kg；现蕾时，每亩施用生物有机肥40～50kg或磷酸二氢钾10～15kg结合浇水进行；收获前40～50d进行，每亩施用硫酸钾10kg、复合肥15～20kg。生长后期可叶面喷施0.2%磷酸二氢钾和1%尿素，防早衰。

（8）**合理排灌**　闽选山药1号喜晴朗的天气、较低的空气湿度和较高的土壤温度，一生需浇水5～7次。在浇足底墒水的情况下，第一水一般于基本齐苗时浇灌，以促进出苗和发根，第二水宁早勿晚，不等头水见干即浇，以后根据降雨情况，每隔15d浇水1次。伏雨季节，每次大的降雨后，应及时排出积水和进行涝浇园—换水，目的是为了降低地温，补充土壤空气，防治发病和死苗。

（9）**病虫防治**　坚持预防为主，综合防治的原则，闽选山药1号较少发生病虫害，偶见炭疽病、斑枯病、茎腐病等病害。上年度种过山药的田块易发生炭疽病。炭疽病等病害防治要坚持轮作换茬、消毒种茎土壤、更换架材等，发病初期用70%代森锰锌500～600倍液或75%百菌清500～600倍液，每7～10d喷1次，共喷2～3次，可有效控制。

（10）**适时采收**　当植株地上部分发黄枯萎、霜冻来临前即可采收地下块茎。按块茎大小、有无病斑分级，分别堆放贮藏。

三、芹峰淮山药

1. 品种来源

德化县英山珍贵淮山药农民合作社、福建省农业科学院农业生物资源研究所、泉州市种植业管理站等单位从德化县本地种寸金薯系统选育而成，为褐孢薯蓣类，于2015年通过福建省非主要农作物品种认定（闽认菜2015015）。

德化特产，"德化淮山药"为全国农产品地理标志。

2. 特征特性

芹峰淮山药晚熟，植株生长势强，分枝力旺盛，主蔓长250～320cm，从播种到收获210～240d。块茎表皮褐色，长圆柱形，龙头短，长50～130cm，横径3.8～5.5cm，单根重500～1 100g，须根长，切口乳白色，有浓稠黏液，蒸煮易熟烂，味清香，口感松嫩，品质优。经福建省农业科学院中心化验室品质检测，每100g鲜样含淀粉21.7g、氨基酸5.21g、蛋白质2.60g、粗纤维0.5g、粗脂肪0.1g、维生素C16.6mg。经福建省德化县植保植检站田间病害调查，该品种炭疽病和褐斑病发病率与对照品种安溪薯相当（图7-3）。

图7-3　芹峰淮山药

3. 产量表现

多点多年试验，一般亩产为2 500kg。

4. 栽培要点

选择粗细均匀，无分权，无破损，无病虫害的块茎作种。播前将德化芹峰淮山药种薯块茎切成长6～7cm的带皮小块，晾干后播种即可。泉州地区春季3月下旬至4月上旬播种为宜。亩植3 000株左右。蔓生长期和茎块膨大期追施硫酸钾复合肥，注意防治炭疽病、褐斑病等病害。

四、山格淮山药

1.品种来源

为福建省泉州市安溪县地方品种，于2019年获得农产品地理标志登记保护。

2.特征特性

山格淮山药为褐孢薯蓣类，茎蔓生，外皮常带紫色，块根圆柱形，长度50cm左右、直径4～5cm；叶子对生，卵形或椭圆形；块茎长圆柱形，外皮黄褐色、肉质乳白，黏液多，不易褐变；口感绵滑、脆而不硬、酥而不软、久煮不散。经检测，每100g块茎粗纤维≤1.00g、淀粉≥25.0g，水分≤73.3g（图7-4）。

3.产量表现

亩产2 000～2 600kg。

4.栽培要点

山格淮山药采用高垄竖式或横式定向栽培。竖式栽培，垄高80～100cm，每隔10～12cm打一个定向孔，直径6～8cm，深80～100cm，中间放入

图7-4　山格淮山药

细沙、烧土等填充料，使淮山药块根能够定向垂直生长。横式栽培，将淮山药放在1.1m长PVC管道中，埋在离地面30cm的泥土里。竖式种植亩种植4 000株左右，横式种植亩种植5 600株左右。

提倡测土配方施肥，施肥以有机肥为主，"少吃多餐"、中后期注意增施钾肥，做到施足基肥，早施苗肥，重施结薯肥。雨季时注意排水，干旱时加强灌溉。一般在11月上旬至12月下旬采收。

五、清流雪薯

1.品种来源

为福建省三明市清流县地方品种，农产品地理标志登记保护。

2. 特征特性

清流雪薯块茎长圆柱形、较粗大、浑圆、均匀，坚实，表皮黄褐色，少须根，切口少黏液，不易褐变，耐贮藏。经检测每100g块茎含蛋白质8.15～8.56g、淀粉56.00～60.50g、灰分1.75～2.25g、氨基酸（谷氨酸、精氨酸等17种）6.32～6.86g、粗纤维1.06～1.53g（图7-5）。

图7-5　清流雪薯

3. 产量表现

平均亩产2 500kg。

4. 栽培要点

选择海拔400m以上、土壤微酸性、土层厚、质地疏松不黏重、排水方便的水稻土或旱地种植。选择具清流雪薯特性的零余子（气生薯），或者表皮完好、无病无损的块茎作繁殖材料。对种植时间较长、优良种性出现退化的种薯要提纯复壮，保持品种抗性强、品质优、产量高、适应性好的优良特性。

生产过程管理与控制技术：清流雪薯采用小畦高垄、双排种植或与芋仔套种的优质高产栽培模式。种前施足基肥，于春分前至谷雨下种，出苗后掌握"苗期薄肥勤施、中期重施攻肥、后期酌情而施"的施肥原则，采收前30d停止施用肥料。清流雪薯喜湿忌旱怕涝，土壤保持半烂半干，当地俗称浇"阴阳水"以保持块茎粉重、细腻、雪白。注重用水浸泡后的小乔木搭人字架让藤蔓攀爬，避免蔓叶堆积生长影响光合作用；注意防治炭疽病等病害，禁止使用剧毒、高毒、高残留农药。农药和化肥的使用必须符合无公害农产品关于农药使用及肥料使用的有关规定。严格执行中华人民共和国农业部公告第199号，按安全休药期规定。忌连作，注意轮作。一般在立冬后采挖。

六、宣和雪薯

1. 品种来源

连城县宣和乡地方品种。于2011年获得农产品地理标志登记保护。

2. 特征特性

宣和雪薯为中熟品种。植株生长势强，生长期约220d。茎细长，圆形光滑，青绿色，茎蔓长3～3.5m，叶片三角形，叶基心形，成叶深绿色，叶长7～9cm，叶宽4～5cm，表皮呈淡黄褐色，表面长有细须，块茎长棒形，单株块茎1～2个，单根重200～400g，长30～40cm，粗3～5cm，横切面雪白，肉质细腻，富含氨基酸、支链淀粉、蛋白质等，微甜风味及细滑口感。淀粉含量40%以上，蛋白质含量3.5%～4.2%，粗纤维1%以上。蒸煮易烂，口感脆嫩，味美清香（图7-6）。

图7-6　宣和雪薯

3. 产量表现

亩产2 500～3 000kg。

4. 栽培要点

种植前20～25d，选择连城宣和本地优良的大叶种薯，要求粗细均匀、无破损、无分叉、无病虫害、肉质白、黏液多，洗净种薯表皮泥土（不要损伤表皮），将种薯切成4～6cm长的种薯块（粗的短些，细的长些，以保证养分供应），形状整齐，用种量200～250kg/亩。

3月下旬至4月上旬，地温稳定在10℃以上，选择阴天或晴天种植，地膜覆盖可提前半个月种植。单行种植的株距10～15cm，行距85～100cm，每亩种5 000～6 000株。按株距10～15cm，用木棍或钢钎垂直插洞，洞深50～70cm，直径3～4cm，洞内填充细沙土或木屑糠，将种薯块芽朝上，放于洞口，盖上2～3cm细土，根据芽的长短，分级栽植，然后浇足定根水。

蔓高20cm前及时插扦引蔓，扦用直径2～3cm竹竿或小木棍，插牢固，每2～3株插1根。

施肥原则是"基肥施足，苗期薄肥勤施，中期重施，后期酌情增施磷钾肥"。整地时每亩用腐熟有机肥1 500～2 000kg作基肥。出苗整齐后用3%～5%腐熟稀薄人粪尿浇施，苗高10～20cm，浓度逐渐提到20%。每隔15～20d 1次，连续3～4次，浇施避免浇在叶片上，于晴天傍晚进行。

第八章
湖北山药品种介绍及栽培技术（地标品种）

一、武穴佛手山药

1. 品种来源

湖北省黄冈市武穴市特产，全国农产品地理标志。武穴佛手山药地域范围包括武穴市梅川镇、余川镇及其毗邻佛手山药生长区域。地理坐标为东经115°22′—115°49′，北纬29°50′—30°13′。

2. 特征特性

武穴佛手山药植株生长势中等，茎绿色，叶片全缘，背面叶脉凸起，叶脉7条，辐射状，叶腋间着生零余子。地下块茎似手掌状或马蹄状，表皮呈浅黄色，皮薄如蝉翼，毛孔平实，有1～2cm的细长根蒂，组织细密，肉质嫩白，黏液质丰富，松手掉地易脆裂。含有糖、蛋白质、钾及氨基酸、维生素等多种营养成分。

3. 产量表现

产量中等，平均亩产1 500kg。

（1）**整地施肥** 入冬前深翻冻垡。基肥施腐熟土杂肥2 000～3 000kg/亩、腐熟饼肥100～150kg/亩或硫酸钾型复合肥50kg。

（2）**起垄种植** 播种前将土壤深耕耙平，耕作深度不低于30 cm，作1 m宽的高畦，沟深30cm以上。

（3）**种薯处理** 选择形状整齐，表皮光滑，无病虫块茎作种。一般每亩用种量150～200kg。播前将种薯切成35g左右的小块，每块要带有表皮和2个以上芽眼，切后用70%百菌清和70%甲基托布津500倍液喷洒消毒，待种薯块表面水分晾干后，放置阴凉通风处晾2～3d待播。

（4）**播种** 一般于2—3月播种。将切好的小块播于栽植沟或栽植穴中，然后覆土7～10cm盖种。一般亩栽5 500～7 000株。

（5）**田间管理** 苗高30cm左右时搭人字形架或篱式架，引蔓上架。架高1.2～1.5 m为宜。及时浇水或灌溉，保证土壤湿度。如遇雨季，及时疏通三沟。追肥分3次施用，第一次在山药齐苗后，亩施尿素15～25kg；第二次在山药地上藤茎生长旺盛期的7月底，亩施复混肥35kg（氮、磷、钾含量分别为12kg、6kg、7kg）；第三次在8月底，亩施硫酸钾肥料12.5kg。

（6）**病虫害防治** 防治炭疽病、褐斑病可在发病初期亩用80%代森锰锌100g、25%雷多米尔可湿性粉剂200g或77%可杀得（氢氧化铜）100g，再对水50kg喷雾。防治枯萎病可在发病初期亩用50%多菌灵75g对水30kg灌根及周围。

斜纹夜蛾的防治一般于7月中下旬至8月上旬，在低龄幼虫高发期，于17：00后亩用生物农药Bt乳剂60g对水30kg喷雾防治，收获前30d禁用。所有化学合成农药在同一生产周期内只许使用一次。

（7）**采收与贮藏**　可田间越冬贮藏。如需采收，霜降（10月23日或24日）前后，地上茎叶全部枯死时开始采收，过早采收产量低。用沙藏或地窖藏越冬。

二、利川山药

1. 品种来源

利川山药，湖北省利川市特产，为国家地理标志产品。

2. 特征特性

利川山药长势中等，茎蔓绿色，蔓长3～4m，断面圆形有分枝。雌株叶片绿色，缺刻中等，尖端尖锐，叶脉2条，叶片互生，中、上部对生。雄株叶片缺刻较小，叶脉间着生零余子，零余子体型小，产量低，直径1cm左右，椭圆形。地下块茎圆形或扁圆形，不整齐，与其他产地品种相比较轻，长50～70cm，直径3～5cm，畸形较多，表皮淡红色。该品种不仅品质好，黏度高、质坚实，粉性足，色雪白，口感"干、面、甜、香"（图8-1）。

图8-1　利川山药

3. 产量表现

平均亩产3 000kg。

（1）**整地施肥**　一般要求耕深40cm以上，应在秋收以后进行冬前翻耕，开春后再翻犁1次，然后耙平做畦待种。基肥施腐熟土杂肥2 000～3 000kg/亩、腐熟饼肥100～150kg/亩或硫酸钾型复合肥50kg/亩。

（2）**起垄种植**　播种前将土壤深耕耙平，耕作深度不低于70cm。垄距80～100cm，垄高25～30cm，单垄单行种植。

（3）**种薯处理** 山药芦头可直接下种，如需浸种，可选100 g多菌灵，兑水15kg，浸种15min起水风干，3～4d后下种；块茎作种需在下种前3～5d开始切段，每段重30～40g，薄摊2～3d后下种。

（4）**播种** 直播或催芽后播种，种植密度因种薯大小而异，普通小型种行距50～60 cm，株距20 cm左右；大型种行距70～80 cm，株距40～50 cm。播种于播种沟后覆土盖膜。

（5）**田间管理** 甩蔓后，及时搭2～4m的支架引蔓。及时浇水或灌溉，保证土壤湿度。如遇雨季，及时疏通三沟。每年施肥3～4次，第一次是芒种前后，苗高30～50cm时追施提苗肥；第二次是夏至前后，苗高达200cm时施壮藤蔓肥；第三、第四次追肥在小暑至立秋间施用。一般亩施45%硫酸钾复合肥25kg。

（6）**病虫害防治** 主要病害有炭疽病。流行高峰期（7月中旬至8月下旬）的雨前喷药，大雨过后，立即补防。用大生M-45（600～800倍液）、杜邦福星8 000倍液、猛杀生800倍液、炭疽福美1 000～1 500倍液、70%代森锰锌WP 600倍液等药剂有较好的防效，应轮换使用。

（7）**采收与贮藏** 生长期约150 d，收获期因各地气候不同而异。8—9月零余子成熟，先行采收，可收150 kg/亩左右。在霜降至立冬时节，茎叶变枯黄色时即可采收，收获过早不耐贮藏。在冬季较暖、劳动力较紧的地区，可在次年3—4月块根发芽前随掘随种。

三、襄阳山药

1. 品种来源
湖北省襄阳市特产，襄阳市地理标志证明商标。

2. 特征特性
襄阳山药单叶，在基下部互生，下、中部对生，中部以上3叶轮生，顶常对生或互生。叶片较小，黄绿色，戟形，缺刻大，顶端长而锐尖，基部深心形至宽心形，边缘深3裂，中裂片披针形，侧裂片耳状、圆形、近方形或长圆形，叶柄较长，叶脉一般5条，基部2条多分枝。地下块茎硕大，圆柱形，长130～150cm，最长可达170cm，直径3～8cm，最粗可达10cm。幼苗细而短，长10～15cm，粗3～7cm。块茎皮薄，光滑，须根少而短，断面白色，鲜嫩质脆，含水量高（图8-2）。

3. 产量表现
产量高，亩产在5 000kg以上。

图 8-2　襄阳山药

（1）**整地施肥**　入冬前深翻冻垡。施腐熟厩肥或粪肥 2 000 ～ 4 000kg/亩、外加尿素 20 ～ 25kg/亩、过磷酸钙 15kg/亩、硫酸钾 25 ～ 35kg/亩。

（2）**机械粉垄**　采用粉垄栽培，春节后开冻即可机械粉垄。在山药种植带形成松土槽和播种沟，松土槽深 100 ～ 120cm。垄距 100 ～ 120cm，垄高 25 ～ 30cm，单垄单行种植。

（3）**种薯处理**　选择无病块茎上端较硬的芦头作种，或选长 1m 左右，横径 2.5 ～ 4.5cm 的较细块茎，切分成 15 ～ 20cm 长的若干小段，并用毛笔标记上、下端，然后将每个断面蘸石灰，横放太阳下晒种，一直晒到段头有细裂缝为止。

（4）**播种**　直播或催芽后播种，株距 20 ～ 25cm，密度 3 000 ～ 3 500 株/亩。播种于播种沟后覆土盖膜。

（5）**田间管理**　甩蔓后，及时搭架引蔓。架高以 2 ～ 2.5m 为宜，如因材料所限，至少也要高达 1.5m。及时浇水或灌溉，保证土壤湿度。如遇雨季，及时疏通三沟。茎蔓已上半架时追施 1 次，根据植株长势施尿素 10 ～ 15kg/亩。以后在茎蔓满架时，如有黄瘦脱力现象，可再追施 1 次。

（6）**病虫害防治**　常发生的病害有炭疽病、叶斑病、茎腐病、根结线虫病等，虫害有小地老虎、蝼蛄等地下害虫，炭疽病、叶斑病发病初期用 50% 甲基托布津 500 倍液和 70% 代森锰锌 800 倍液交替喷雾，10d 1 次，连喷 2 ～ 3 次，同时及时清除田间病叶，排除积水。茎腐病一般在发病初期，用 50% 多菌灵 400 ～ 500 倍液、用 75% 百菌清 600 倍液或 95% 敌克松 200 ～ 300 倍液灌根，半月 1 次，连灌 2 ～ 3 次。线虫：选健康块茎做种，如仍有感染嫌疑，可在种薯末萌芽和分段前温汤浸种，即放置 52℃ 温水中浸泡 10min，并上下搅动 2 次，使受热均匀，达到杀虫目的，也可用 40% 的甲基异柳磷 800 倍液浸种 48h，浸后晾干，再晒种，并合理轮作，与禾谷类、十字花科蔬菜等轮作 3 年。地下害虫：用 90% 晶体敌百虫 100g 加豆饼或菜籽饼 10kg 配成毒饵，傍晚撒施田间诱杀。

（7）**采收与贮藏**　在地上部茎叶枯黄，初霜前后或气温降至 10℃ 左右时采收。过早采收产量低，冬季温度较高的地区，块茎可留在土中，随时采收供应。

第九章
南方山药种薯快繁技术

一、山药苗床集中快繁技术

传统山药繁殖主要依靠块茎繁殖。块茎繁殖用种量大，生产成本较高。利用微型山药块茎来繁育山药种薯，可实现山药种薯繁殖工厂化生产，达到节约用种成本的目的。

1.微型山药块茎重量确定

选择无病虫害损伤的山药块茎，切割成整段10g，或1/2段5g、10g，或1/4段10g的小块，切好的块茎晾干，用等质量的石灰和硫酸铜混合粉拌种。

2.苗床的准备

苗床宽1m。将苗床内挖一锹深度土，全部翻到苗床周边打碎，苗床底部铲平，浇足水，待水分渗透完毕，每平方米撒施25%普通三元复合肥0.35kg和有机无机复混肥0.5kg，将部分土返回苗床，覆土厚度4～6cm。

3.播种

在苗床上画行播种，行距10cm，株距3～5cm，播种后覆细土3cm。覆土后及时用40%乙草胺乳油1 000倍液均匀喷雾于床面。

4.苗床管理

播种时浇足水，覆土后保证苗床渗出水。藤蔓快速生长期和膨大期及时补充水分，以苗床见湿为宜。山药膨大期追施25%普通三元复合肥0.15kg/m^2。苗床上搭架供藤蔓生长。

山药苗床集中快繁技术已获得国家发明专利（专利号：ZL201210381026.6），采用微型薯块进行苗床集中培育种薯的方法，可实现种薯工厂化生产，有利于提升批量种薯供应能力。所获得的种薯都是山药幼苗，有利于提早出苗，延长生育期；可保证苗齐、苗壮；减少个体产量差异，商品一致性好，增产增收效应显著；提早上市，节约土地成本，提高种植效益。本方法不仅可以加快山药种薯繁殖速度，提高繁殖效率，还可大大节约山药生产成本，对不结零余子的薯蓣类山药和块状参薯类山药繁殖尤为重要。

二、山药茎段组织培养快繁技术

山药长期利用块茎繁殖易造成种性退化，品种抗病性和抗逆性减退。利用组织培养方式进行种薯快繁，不仅繁殖系数高、繁殖速度快，而且能解决种性退化的问题。

1. 茎段腋芽诱导

取山药的嫩茎，去掉叶片，用剪刀截成2～3cm带腋芽的茎段，流动水冲洗10min，在超净台上用70%酒精浸泡30s，84消毒液灭菌15～20min，无菌水漂洗5～7次，用解剖刀切去末端留下约2cm的茎段接种于MS＋6-苄氨基嘌呤6-BA）0.5mg/L＋萘乙酸（NAA）0.1mg/L的培养基中，培养25d，此时平均芽数为1.6～2.2，高度2.3～3.3cm。

2. 生根培养

将高2.0cm左右、带有2片或2片以上叶的腋芽切下，转入1/2MS＋6-BA0.1～0.2mg/L＋NAA1.0～2.0mg/L＋活性炭0.02%生根培养基培养，平均生根天数为6～12d，生根率达100%（图9-1）。

图9-1 山药组织培养、移栽及组培种薯

3. 组培苗快繁

生根培养基中培养30d后，将组培苗按节切段繁殖，繁殖系数可达3.0。或切取带两片和两片以上叶片的单个腋芽接种在MS + 6-BA1.5mg/L，30d增殖系数可达4.1。

4. 试管薯诱导

按节切段后的茎段接种于1/2MS + 6-BA0.1mg/L + NAA2.0mg/L + 0.02％活性炭 + 蔗糖70g/L的培养基。培养条件：光照强度为2 000lx，每个组培容器（ZP17-440）培养基用量为60mL，有利于山药试管薯的形成和生长发育。试管薯在培养40d左右开始形成，90d诱导率达100％。或将带外植体的单芽接种在培养基为1/2MS + 6-BA 0.2mg/L + NAA 1mg/L + 0.02％活性炭，试管珠芽诱导率为88.9％，平均珠芽数为1.50，大小为0.38cm×0.54cm（图9-1）。

5. 组培苗移栽和种薯培育

通过培养山药实生根系组培苗，移栽活棵阶段采取局部透光保水覆盖结合通风透气，山药组培苗移栽成活率可达71.4％，经严格苗床管理等步骤，获得5g以上组培种薯比例为46.3％（专利号：ZL201510182586.2）。经炼苗后的组培苗，移栽活棵阶段采取闷养盒透光保水结合通风透气，使山药组培苗能适应移栽后外界环境迅速变化，山药组培苗移栽成活率可达71.9％，经严格苗床管理等步骤，获得20g以上组培种薯比例为45.3％（专利号：ZL201710344309.6）（图9-1）。

6. 组培种薯保存

薯蓣类山药直接自然贮藏，注意保湿。南方无霜冻的地区，参薯类山药可原地越冬贮藏，在播种畦面盖一层稻草后覆盖薄膜越冬。有霜冻的地区，可采用大棚内加小拱棚的方式越冬。具体做法：大棚内挖1 ~ 2m深，宽1m的沟，将收获的种薯排入沟内，一层种薯一层干土或细沙，堆至离沟口10cm左右时，盖土密封后搭小拱棚。

三、山药茎枝水培快繁技术

山药茎枝水培技术是利用山药茎枝培养形成山药种苗或种薯的新型山药扩繁技术，不仅可以解决山药组培苗变异率大，移栽成活率低的问题，而且可以解决山药繁殖系数低和受土传病害影响大的问题，为山药产业优质化、规模化、绿色化生产提供可靠的技术保障。当年可形成复壮核心种薯，缩短复壮扩繁和选育周期，尤其适用于不结（少结）零余子山药品种规模化复壮培育。

1. 茎段处理

选用田间正常生长的山药藤蔓，去除顶端幼嫩茎节（至少3节），按节切成6～8cm茎段，每个茎段保留1个节且至少带有1片叶（图9-2）。

2. 水培培养

处理后的茎段定植于定值板，悬浮于装有低浓度霍格兰营养液的周转箱中，营养液深度8～10cm，周转箱规格为长×宽×高=65cm×41cm×15cm。周装箱置于普通塑料大棚，盛夏时节大棚注意遮荫。有条件的话，采取恒温恒湿培养，效果更好。培养过程中，每周换水1次（图9-2）。

3. 移栽与管理

培养3周左右，茎段长成根系长度4～8cm、根系条数3～5条的水培苗（不同品种根系长度和根条数稍有出入）。将水培苗移入普通基质苗床，株距×行距=15cm×15cm。每年9月前移栽，可保证单个种薯重量20g以上（图9-2）。

图9-2　不同类型山药品种水培苗、移栽及水培种薯

4. 种薯保存

大棚内采用原地越冬保存。移栽苗床盖土5～10cm，长江以南地区加盖小拱棚可安全越冬。越冬期间，不定期检查大棚周围排水情况，防止雨水渗入造成种薯腐烂。

四、山药实生苗培育技术

实生苗是用种子繁殖的苗，繁殖系数高，根系发达，抗逆性强。实生苗群体大，变异多，

是山药新品种选育的关键，也是山药杂交育种的基础。山药种子空瘪率高，发芽困难，发芽后的苗细弱，不易成活。利用组织培养技术对山药实生苗进行壮苗，可有效提高山药实生苗的成活率，填补山药种子繁殖的技术空白，为山药新品种选育奠定基础。

1. 蒴果的采集

收集无病虫害、充分成熟、籽粒饱满、无混杂的蒴果，置于阴凉通风处晾干，防止贮藏时发霉。忌曝晒。

2. 种子灭菌处理

每年1月前后，将种子从蒴果中取出，流动水冲洗10min，在超净台上用70%酒精浸泡30s，84消毒液灭菌5min，无菌水漂洗3～5次，接种于MS + 6-BA0.5 mg/L + NAA0.1mg/L的培养基中培养，培养30d时，绝大部分品种发芽率在70%以上，少数品种发芽率在90%以上（图9-3）。

3. 壮苗培养

培养30d后，将发芽的种子接种在MS + 6-BA1.5mg/L + NAA0.0mg/L上壮苗（图9-3）。复壮后的种苗按照"山药茎段组织培养快繁技术"进行快繁、生根、移栽及管理。

图9-3 山药实生苗培养

第十章
南方地区山药主要病虫害及防治技术

一、山药炭疽病

1.病原

山药炭疽病主要病原为胶孢炭疽菌（*Colletotrichum gloeosporioides*），属半知菌亚门真菌，是为害参薯类和薯蓣类山药的主要病害。

2.症状

主要为害山药叶片和叶柄，也可为害茎蔓。该病症状比较复杂，一般先从植株下部开始发病。病斑初为褐色凹陷的小斑，后扩展成近圆形、椭圆形和不规则形，边缘褐色至黑褐色，中部颜色较浅，病斑稍凹陷，有时呈同心轮纹状。常见两种类型病斑，一种类型病斑不受叶脉限制，沿叶脉产生近圆形或不规则形病斑，外围有黄色晕圈；另一种类型病斑多见于叶缘和叶脉间，外围有或无黄色晕圈。不论哪种类型症状，病害严重时，沿叶脉出现褐色至深褐色的坏死线，外缘有黄色晕圈，病斑相互连接成片（图10-1）。茎部感病后，初为黑色小点，逐渐扩大为长条形的不规则斑，边缘褐色至黑褐色，病斑环绕茎时导致病部以上植株枯死。

图10-1　山药炭疽病症状

3.发病规律

病原以菌丝体和分生孢子盘的形式随病残体遗落在土壤中越冬，翌年环境条件适宜时，产生大量分生孢子借风雨传播，成为初侵染源。山药发病后，病部产生的分生孢子，借助雨水、灌溉水、农事活动和昆虫传播，引起再侵染，一直延续到收获。适宜发病温度为25～30℃，相对湿度为80%。高温多雨季节、田间通风透光不良、排水不畅和偏施氮肥，会加重发病。

4.防治方法

（1）**农业防治**　选用抗病品种（系），如苏蓣6号、苏蓣7号、苏蓣8号、品系21-1和品系21-2。发病地块实行2年以上的轮作。及时疏通三沟，保证田间排水通畅。合理密植，采用高支架管理，改善田间小气候。发病初期，及时摘除病叶，拔掉病株。收获后清除病残体，集中烧毁和深埋。培育复壮种苗，增强植株抗性。

（2）**化学防治**　播种前将种薯切块，用22.5%啶氧菌酯悬浮剂和咪鲜胺1 000倍液浸种10min，晾干，用生石灰＋硫酸铜（10∶1）或代森锰锌粉剂拌种。苗期可用可杀得3000 1 000～1 500倍液喷雾保护，每隔15d左右喷1次。零星发病时，及时选用22.5%啶氧菌酯悬浮剂、75%甲基托布津可湿性粉剂或25%咪鲜胺1 000～1 500倍液均匀喷雾。以上药剂最好轮换交替使用，每隔15d左右喷1次。如遇连续阴雨，雨后应及时防治。收获前10d停止用药，效果更佳。

二、山药黑斑病

1.病原
病原为链格孢菌(*Alternaria* spp.)，属半知菌亚门真菌，是为害参薯类和薯蓣类山药的主要病害。

2.症状
主要为害叶片，初期在叶片表面产生不规则形褐色小斑点，后逐渐扩大成近圆形斑，一片叶片上常有多个病斑散生。病斑中心灰白色至黑褐色，边缘有暗褐色细线圈，有时具黄色水浸状晕圈，病、健交界明显（图10-2）。

图10-2　山药黑斑病症状

3.发病规律
参见山药炭疽病。

4.防治方法
参见山药炭疽病。

三、山药斑枯病

1.病原
病原为薯蓣壳针孢（*Septoria dioscoreae* J.K.Bai & Lu），属半知菌亚门真菌，是为害薯蓣类山药的主要病害。

2.症状
主要为害山药叶片。发病初期叶面上生褐色小点，后病斑呈多角形或不规则形，边缘暗褐色，稍隆起，中部灰褐色，后变灰白色，叶面可产生黑色小粒点，即病菌分生孢子器（图10-3）。发病严重时，病斑相互汇合，叶片枯死。

图10-3　山药斑枯病症状

3.发病规律
参见山药炭疽病。

4.防治方法
参见山药炭疽病。

四、山药斑纹病

1.病原
山药斑纹病又称山药白涩病、柱盘褐斑病，病原为薯蓣柱盘孢（*Cylindrosporium dioscoreae* Miyabe et S.Ito），属半知菌亚门真菌，是为害薯蓣类山药的主要病害。

2.症状
主要为害山药叶片。发病初期叶片上出现黄色或黄白色边缘不明显的病斑，逐渐扩大形成不规则或多角形的褐色病斑，叶脉失绿呈透明状，严重时病斑融合，整个叶片枯黄或枯死（图10-4）。

3.发病规律
参见山药炭疽病。

4.防治方法
（1）**农业防治**　参见山药炭疽病，选用抗病品种，如品系21-1、品系21-2。

图10-4　山药斑纹病症状

（2）**化学防治**　播种前将种薯切块，用50％多菌灵可湿性粉剂500倍液浸种10min，晾干，用生石灰＋硫酸铜（10：1）或用代森锰锌粉剂拌种。苗期可用可杀得3000 1 000 ～ 1 500倍液喷雾保护，每隔15d左右喷1次。零星发病时，及时选用75％甲基托布津可湿性粉剂1 000 ～ 1 500倍液或50％福美双粉剂500 ～ 600倍液均匀喷雾，药剂最好轮换交替使用，每隔15d左右喷1次。如遇连续阴雨，雨后应及时防治。收获前10d停止用药，效果更佳。

五、山药疫病

1.病原
病原未知，是为害薯蓣类山药的主要病害。

2.症状
山药疫病主要为害叶片、叶柄和茎蔓。叶片感病，多从叶尖或叶缘开始，初生暗绿色油渍状小斑点，逐渐扩大呈不规则形，后变褐干枯；叶柄感病时，病斑从叶柄向叶片和茎部同时扩展，病部逐渐变褐；茎蔓发病，初期与叶片症状相似，后期会扩大成红褐色溃疡状条斑，中部稍凹陷，围茎近一周时，其上部茎蔓、叶萎蔫枯死（图10-5）。

图10-5　山药疫病症状

3.发病规律
参见山药炭疽病。夏季高温阴雨后，田间排水不畅，易发病。

4.防治方法
（1）**农业防治**　参见山药斑纹病。

（2）**化学防治**　播种前将种薯切块，用25％嘧菌酯悬浮剂1 000倍液和58％甲霜灵锰锌500倍液浸种10min，晾干，用生石灰＋硫酸铜（10：1）拌种或代森锰锌粉剂拌种。在雨季前和雨季期喷药，用10%增威赢绿1 000倍液、58%甲霜灵锰锌600 ～ 800倍液或30%氟吡菌胺甲霜灵1 000倍液均匀喷雾，以上药剂最好轮换交替使用，每隔15d左右喷1次。

六、山药枯萎病

1.病原

山药枯萎病俗称死藤，病原为尖孢镰孢菌（*Fusarium oxysporum*），属半知菌亚门真菌，是为害薯蓣类山药的主要病害，亦可为害其他类型山药。

2.症状

主要为害茎基部和块茎，通常与土壤接触的茎段先发病。感病时茎基部出现褐色病斑，扩展后茎基呈暗褐色干腐，叶片黄化、脱落，直至藤蔓枯死，剖开茎基部可见病部变褐，根系常暗褐色腐烂（图10-6）。块茎病斑黑褐色，呈圆形和不规则形，分布在皮孔四周，严重时整个块茎腐烂。

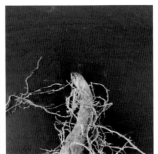

图10-6　山药枯萎病症状

3.发病规律

参见山药炭疽病。枯萎病病菌发育的最适温度是25 ～ 30℃。种薯带菌、肥料未充分腐熟、有机肥带菌或肥料中混有同科作物病残体的易发病。连阴雨后或大雨过后骤然放晴，气温迅速升高或时晴时雨、高温闷热天气发病重。

4.防治方法

（1）**农业防治**　参见山药斑纹病。

（2）**化学防治**　播种前将种薯切块，用50%多菌灵可湿性粉剂500倍液浸种10min，晾干，用生石灰＋硫酸铜（10∶1）或代森锰锌粉剂拌种。田间发病初期用80%多菌灵或95%敌磺钠可溶性粉剂500倍液或25%嘧菌酯悬浮剂1 000倍液灌根，隔10d灌1次。

七、山药软腐病

1.病原

病原为产核青霉（*Penicillium sclerotigenum*），属半知菌亚门真菌，是为害参薯类山药和山薯类山药块茎的主要病害，亦可为害薯蓣类山药，常见于山药收获期和贮藏期。

2.症状

发生初期，块茎表面产生白色絮状菌丝团，逐渐发展成蓝色霉层，发病的部分开始软化（图10-7），最后干缩，不能食用。

图10-7　山药软腐病症状

3.发病规律

病原一般从伤口或断面侵入，由外及内逐渐扩展。收获期温度偏高，湿度大时，可直接侵染。潮湿和伤口是引起发病的主要原因。

4.防治方法

（1）**农业防治**　忌重茬，发病地块实行2年以上的轮作，有条件的可实行水旱轮作。选择地势高、湿度低、肥沃疏松土壤播种。收获时，尽可能将遗留病残体、杂草集中烧毁，或带出田外深埋，减少田间病原物。初冬深耕冻垡、春季日晒，使可能遗留的病原物失去活力。收获时避免产生伤口，贮藏时注意通风降湿。

（2）**化学防治**　播种前将种薯切块，用高锰酸钾1 000倍液和咪鲜胺500倍液浸种10min，晾干，用生石灰＋硫酸铜（10∶1）或用代森锰锌粉剂拌种。山药生产期，用50%多菌灵可湿性粉剂500倍液或75%甲基托布津可湿性粉剂1 000倍液灌根，隔10d灌1次。

八、山药褐腐病

1.病原

病原为腐皮镰孢菌（*Fusarium solani*），属半知菌亚门真菌，是为害参薯类山药的主要病害。

2.症状

主要为害山药块茎。发病初期首先出现水渍状小斑点或黄褐色坏死斑，变软，稍凹陷，逐渐发展成深褐色病斑。切开后可见病部变成褐色，受害部分比外部的病斑大且深，严重时病部周围全部腐烂（图10-8）。多见于块茎贮藏期。

图10-8　山药褐腐病症状

3.发病规律

参见山药软腐病。

4.防治方法

参见山药软腐病。

九、山药根结线虫病

1.病原

引起山药根结线虫病原主要是南方根结线虫（*Meloidogyne incognita*），属垫刃目、异皮科、根结线虫属。

2.症状

主要为害山药的根系和块茎。病株苗期和生长中期地上部无明显症状，个别植株生长缓慢，叶色淡绿，后期严重时植株矮小，叶片变黄脱落。挖出病根，表面有大小不等的瘤状突起，有的互相愈合呈集结状，结上无须根。受害块茎表面暗褐色，无光泽，多数畸形，在线虫侵入点周围肿胀、凸起，形成很多大小不等的根结，严重时多个根结愈合起来，形成疙瘩，内部组织变黄（图10-9），可合并其他微生物的侵染，导致块茎腐烂。

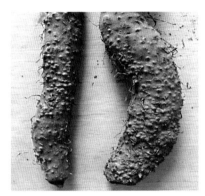

图10-9　山药根结线虫病

3. 发病规律

根结线虫以卵、幼虫和成虫的形式在侵染的山药根部和土壤越冬，带病块茎、须根和土壤是初侵染源。山药线虫可以在土壤中存活3年以上，主要分布在5～40cm土层。当外界环境条件适宜时，越冬卵孵化成一龄幼虫，经一次蜕皮后破壳而出，发育成二龄幼虫，侵入山药繁殖为害。一般在6月上旬至9月上旬发生，发育最适温度为25～28℃，致死温度为55℃。地势高燥、含水量少、通透性好的沙质土壤，有利于线虫移动和卵孵化。土壤潮湿、黏重、板结，发病轻或不发病。土壤墒情适中，通透性好，线虫可以反复为害，发病重。

4. 防治方法

（1）**加强检疫**　禁止从病区调运带病种薯和病土，杜绝人为传播。抽样检查种薯，严格挑选，淘汰感病种薯。

（2）**种薯处理**　播种前将种薯切块，用5%阿维菌素乳油和30%噻唑膦500倍液浸种15min，晾干，用生石灰＋硫酸铜（10∶1）或用代森锰锌粉剂拌种。

（3）**土壤处理**　播种前，用99.5%氯化苦（30kg/亩）或42%威百亩（50kg/亩），采用土壤注射方法熏蒸，覆膜，14d后揭膜。播种时，可选用10.5%阿维·噻唑膦颗粒剂（2kg/亩）均匀撒施于播种沟。对生长期发病的植株，可用1.8%阿维菌素乳油或10%噻唑膦颗粒剂1 000～2 000倍液灌根，每株100～200mL。

（4）**栽培管理**　忌重茬，发病地块实行3年以上的轮作，有条件的可实行水旱轮作。收获时，将发病植株带出田外，集中烧毁或深埋，并铲除田间杂草。种植易感线虫的速生蔬菜，如小白菜、生菜和菠菜等，生育期1个月左右即可收获，此时蔬菜根系布满根结，连根拔起，带出田外接种销毁，可大大降低虫口密度。施用腐熟有机肥作底肥，保证植株健壮。

十、山药根腐线虫病

1. 病原
引起山药根腐线虫病原主要是咖啡短体线虫（*Pratylenchus coffeae*），属垫刃目、异皮科、根结线虫属。

2. 症状
主要为害山药块茎和根系。根系受害，首先表现为水渍状暗褐色损伤，受害处后发展为褐色缢宿，最终导致根系死亡。块茎中、上部比下部发病重，初为淡褐色小点，后逐渐发展为近圆形或不规则形稍凹形的褐色病斑，严重时，病斑互相愈合形成大片黑褐色斑块，上面有很多纵向裂纹（图10-10）。地上部苗期和生长中期无明显症状，仅表现为植株生长缓慢，叶色淡绿。后期地上部植株显著矮化，叶片变黄脱落。

图10-10　山药根腐线虫病

3. 发病规律
参见山药根结线虫病。

4. 防治方法
参见山药根结线虫病。

十一、山药病毒病

1. 病原
目前已经报道的侵染准山药的病毒有10余种，其中报道最多的为马铃薯Y病毒属中的日本山药花叶病毒（Japanese Yam Mosaic Virus，JYMV）。

2. 症状
山药病毒病一般在生长中、后期才表现明显症状。多数在发病初期出现明显褪绿黄斑，后逐渐发展成羽状花叶，有的叶片会皱缩向上卷曲。严重时，整个叶片变黄，生长停滞，植株矮化（图10-11）。

图10-11　山药病毒病

3. 发病规律

使用带病毒的山药种薯是发病的主要原因，病害发生的轻重与种薯带毒率有直接的关系，山药种薯带毒率高，种植后发病率就高。山药病毒病发生的轻重与蚜虫的为害早晚和为害程度有密切的关系。蚜虫为害早、为害严重，病毒病的发生就会比较严重。此外，在高温干旱的条件下，利于蚜虫繁殖，可加重病毒病的发生。

4. 防治方法

（1）**农业防治**　利用茎尖组织培养技术培养脱毒种薯。选留无病的种薯，单收单藏。适当早种，使苗期与蚜虫活动盛期错开，减少蚜虫过早传病。及时清理发病植株、病株残体和块茎，带出田外并集中烧毁或深埋。

（2）**化学防治**　蚜虫发生始期，用10%吡虫啉可湿性粉剂2 000 ~ 3 000倍液均匀喷雾。发病初期，用20%盐酸吗啉呱或15%病毒必克可湿性粉剂500倍液均匀喷雾。